天下文化
BELIEVE IN READING

用AVM做對管理

政大講座教授吳安妮｜教你破解營運迷思

作者 吳安妮 全球唯一美國會計學會四大獎項獲獎學者

採訪整理—— 張彥文、沈勤譽、王維玲、朱乙真、林惠君

財經企管 BCB825

目錄

第一部｜觀念篇 你所不知道的AVM

第二部｜實戰篇 應對管理難題

序

「誠信」經營才能發揮AVM績效
——吳安妮教授的傑出貢獻

高希均．遠見．天下文化事業群創辦人

一、實至名歸的學術榮譽

美國會計學會（AAA）是世界歷史悠久、權威性的國際學術組織。自1973年該會頒獎以來到2023年，五十年的歷史中，全球只有一位學者連續獲得四大獎項。這一位得獎者，就是難以置信的來自台灣政治大學會計學系的講座教授吳安妮博士。這份榮譽，珍貴難得。

吳教授獲得美國會計學會頒發：

1. 國際會計領域「傑出國際會計教育家獎」；
2. 管理會計領域「管理會計終身貢獻獎」（首次頒贈亞洲學者）；
3. 所有會計領域「傑出會計教育家獎」（首次頒贈亞洲學者）；
4.「管理會計文獻卓越貢獻獎」。

吳教授在研究及教育上的貢獻，早已產生了國內外廣大的影響。

2022年秋天，第二十屆遠見高峰會，我們將最重要的「君子教育家獎」，頒贈給吳教授。其實，早在二十年前，2004年天下文化出版李遠哲、蕭新煌主編的《傑出女性學者給年輕學子的52封信》一書，其中的人文社會科學領域學者，第一人就是吳安妮教授。從那時開始，就認識了她，也一直關注她學術上的成就。

那本書邀請52位女性學者，包含中研院院士、國科會傑出研究獎得獎人等，分享她們的奮鬥故事。讀者們不僅可以學到各領域專門知識，更可以領悟到，女性學者如何在重重難度下努力做學問，獲得傑出成就。

二、對台灣社會的貢獻

吳教授幼年家境清寒，必須打工幫助家庭，但她不因此氣餒，反而在困頓中奮鬥，誘發了她對經營成本及營運的思考。

她投入了四十年的努力，淬煉出「作業價值管理」（Activity Value Management, AVM）。這是一套創新的管理會計實作制度。她熱心地分享成果，協助企業將成本更數據化、透明化，經營者得以看見營運的真相，解決真實的問題。進一步還成立政大整合性策略價值管理研究中心（iSVMS）來推廣，又找IT廠商合作開發App或IT系統，幫企業解決問題，四處奔波推廣，樂此不疲。她真是一位結合學理與實務的教育家。

我曾有機會參與吳教授負責的政大iSVMS研究中心的共識營，聽到她對於作業價值管理的說明與應用，當時就建議吳教授，宜抽出時間撰述一本AVM相關的科普書，透過易讀及易懂的文字及例子，將AVM的觀念和做法，推廣給各界需要的企業及人士。

三、以「誠信」推動AVM

現在吳教授終於在百忙中完成了大家的期盼：《用AVM做對管理》，並由遠見．天下文化事業群出版。我們相信這本書定能幫助台灣企業在轉型升級的路上更為順暢。這不僅對企業有利，也能提升台灣經濟競爭力。

自2016年起，「遠見高峰會」設置大會最高榮譽的「君子獎」，2022年得主就是全球首位榮獲美國會計學會（AAA）四大殊榮的會計學者吳安妮教授。贈獎典禮中，政大前校長周行一表示，吳教授是教育界的典範，她擁有五個特點，值得大家學習：勤奮、謙虛、分享、飲水思源、投資自己。

她在台灣已經協助過二十所以上大學之平衡計分卡（Balance Score Card, BSC）及AVM教育課程，同時努力將台灣的管理會計與政府的政策結合，並進一步將台灣管理會計經驗，推往「新南向國家」，進而推向「世界各國」，讓台灣成為管理會計的前鋒。

我與吳教授相識多年，她常常苦口婆心地指出：企業要導入AVM，因涉及各部門的利害關係，要做到透明化、數據化，並且能夠有效分析管理成本，並不容易。它必須掌權者有勇氣、有擔當，更要有「誠信」，願意與專業團隊共同面對數字背後的真相。

事實上，企業經營唯有以「誠信」的態度，面對員工、客戶、供應商乃至所有利害關係人，才能真正創造績效，無論企業規模如何，「誠信」都同樣適用。AVM的適用正是如此，小自微型企業、大到跨國集團，都能從中找出企業迫切需要改善的地方，這樣才能加快推動產業升級。

序
AVM：經營管理新利器

劉維琪．中華大學校長

對經營管理有興趣的讀者，閱讀本書《用AVM做對管理》，將得到以下四點極有價值的收穫：

一、AVM可以精準計算產品成本

傳統的成本制度是以「會計科目」，找出成本分攤的相關因素，這種分攤方法，在計算產品成本時，往往造成某些產品成本被高估，某些則被低估；而AVM則將生產流程拆分為許多單項的作業，以「作業」做為計算單位分配成本歸屬，就可精準計算出產品成本，同樣方法也可得出較準確的顧客成本、通路成本或員工成本等，這些都是傳統成本制度不易做到的。

二、AVM可以避免決策盲點

本書指出，企業常透過降低短期成本來提升利潤，結果造成長期成本上升；誤認大客戶就是好客戶，結果勉強接單侵蝕利潤；經常忽略企業隱藏成本，反而低估決策的成本，影響企業利潤。要避免上述的決策盲點，就是要揚棄傳統財務會計的成本計算方式，而改採AVM，才能發現決策的真實成本，提升決策價值。

三、AVM可以應用在各行各業

本書蒐集九個應用AVM成功的企業案例，其中有從高科技業到傳統產業，從製造業到服務業，從金融業到中間商，從大企業到中小企業，說明只要是有成本產生的行業，都可實施AVM。

此外，本書作者吳安妮教授的研發團隊，還開發AVM的IT系統，透過大數據分析和AI預測，提升AVM決策品質。這套IT系統和企業的ERP、TQM、CRM等其他管理系統完全相容，企業導入就可立即產生效益。研發團隊還開發手機App，便於各行各業，甚至微型企業推廣使用。

四、AVM可以評估投資ESG的效益

ESG是現今的顯學，但企業往往不知如何運用成本效益分析，來評估投資ESG的可行性。利用AVM，可以找出與ESG相關的「原因資訊」和「結果資訊」，以碳排放為例，企業掌握了作業的因果關係，就知道從何處減碳，以及如何減法。

吳安妮教授對AVM三十多年的鑽研，她將學術研究（知）、實務運用（行）和創新教學（知行合一）整合一體，不但創新AVM理論，為許多企業轉型升級注入新動能，吳教授也因此得到教育部、國科會、經濟部和美國會計學會（AAA）等機構，頒發許多最重要的獎項和榮譽，顯示吳教授對AVM的創新和推廣，早已受到各界的讚賞與肯定。

本書是吳教授AVM理論創新的結晶，書中又記錄九家企業導入AVM成功的實例，這更使我們相信，讀者可從「知行合一」的角度來閱讀，必能做對管理，將AVM發揚光大。我鄭重推薦本書。

序

台灣學術界的奇蹟

楊瑪利・《遠見雜誌》社長

我認識政大講座教授吳安妮愈久，愈深刻感受到她是台灣學術界的奇蹟。

奇蹟一：她創下台灣教授拿下全球會計領域最高權威的美國會計學會（AAA）四項大獎，不僅是台灣唯一，更是世界第一。她精研管理會計，研發出本書的AVM（作業價值管理）架構理論，並實際應用於實務界，協助企業更成功，同時締造「研究創新」、「教學創新」及「實務創新」的典範。

奇蹟二：她多年來對研究的投入精神，很少人能超越。進入政大任教後，她常通宵在研究室，出了名的「以校為家」，經常一早7點回家梳洗，9點又回到學校教課。有一次因為過於疲勞，還在課堂中暈倒，出動救護車。教書教到暈倒，恐怕她是第一人。她把時間都花在研究，幾乎不應酬，被稱為「政大一傻瓜」。

奇蹟三：大多數學者都是從小成績好、很會考試的學霸出身，最終走上研究之路。但吳安妮學生時代不算是學霸。大學聯考失利，日間部沒考上，最終上了夜間部。研究所考了四次才考上，出國念博士還因為英文不好差點被退學，但這條學術之路，她總是克服困難，沒有放棄，用專注、堅持、勤勉，走出一條康莊大道。

奇蹟四：多數人到了可退休年齡，多會想要放下壓力，但吳安妮仍想繼續奮鬥，甚至立志做到一百歲。她心中典範是世界管理學之父彼得・杜拉克（Peter Drucker），在95歲高齡辭世前仍心繫研究，讓她感動。她總是對身邊的人說，還要再拚三十年，做到一百歲，直到人生最後一刻！在一次美國會計學會贈獎典禮時，一位與吳安妮老師有合作的美國學者提到，吳安妮邀請她繼續合作，她回答：「她（吳安妮）說要研究到一百歲，我說對不起，我要退休了」。

我認為，吳安妮老師一定很希望再創第五個奇蹟。數十年來台灣人總是引進外國人的管理制度，但是不是有一天，她研發出來的AVM，不只讓更多台灣企業應用，還可以走出台灣，邁向國際，讓台灣的研究成果幫助全世界的企業呢？

本書從醞釀到採訪寫稿，整整花了一年時間。遠見・天下文化事業群很榮幸，可以獲得吳安妮老師的信任，協助編寫第一本AVM的科普書。我也要特別感謝九家台灣優質企業現身說法，包括：台積電、玉山金控等，分享導入AVM的源起、過程與效益，讓其他企業能了解如何導入AVM。在這個過程中，我經常跟吳老師對話，我知道在吳老師的宏大願景裡，她還希望AVM能走出台灣。這本書真的只是開始。

序

利他共贏，回饋社會

吳安妮・政治大學會計系講座教授

身處巨變的時代，無論是疫情帶來的嚴峻挑戰，還是科技的日新月異，都讓人不得不認真省思，台灣的企業究竟是正面臨危機？或者即將迎來轉型的契機？

根據筆者長年的觀察，現今的台灣企業，尤其是中小企業，普遍存在一些管理的迷思與困惑，例如：長期虧損的根源、導入ERP系統卻未見利潤提升、財務報表或BI系統無法滿足管理決策所需，甚至誤認大客戶就是好客戶。因此，該如何做出正確的經營管理決策？該從何處找到優質客戶？又該如何轉型升級、順利傳承接班？以上種種，無一不是企業當前最為關切的課題。

作業價值管理制度（Activity Value Management, AVM），是我鑽研將近四十年的理論創新，並落實台灣產業實務運用後，提出的解決方案。透過AVM，將成本及利潤與ERP、SOP、TQM及MES等制度相互結合，即可洞悉迷思，擁有清晰的洞察力與正確的決策力，進一步創造經營的價值。

我撰寫這本書的初衷，除了彙總近四十年學術創新的成果，更懷著一種使命與責任感，希望將知識化為贈禮，無私奉獻給台灣的社會，尤其是企業領袖、中高階主管，以及財務會計人員，讓他們能夠從中獲益，帶領企業更穩健發展，開啟產業管理的轉型升級之路。

本書第一部分觀念篇，主要探索AVM的核心觀念：AVM係以「作業」為細胞，包括四大模組，緊密連結成本的因果關係，明確追蹤產品、顧客、員工的個別成本結構，清楚呈現企業的隱藏成本、資金成本，甚至風險成本。

AVM不僅可以正確地計算出產品、顧客、通路及員工等價值標的之成本及利潤，同時可以與品質、產能、附加價值、顧客服務及ESG等重要管理資訊相互結合，成為進行管理決策之重要依據，更是通往提升長期價值的指南針。

第二部分實戰篇，著重深刻剖析企業轉型所面臨的痛點，闡述AVM在實際場域中發揮的作用與價值。

透過實施ABCM或AVM之企業，包括：台積電、明門集團、日正食品、普祺樂、旭然國際、町洋集團、協磁公司、勇昌貿易、玉山銀行等真實企業個案，具體呈現AVM如何協助企業克服經營績效的盲點，為企業帶來效益與競爭力。在此非常感謝這些企業主及高階主管們無私的分享，透過他們的親身經驗，達到老闆教老闆的功能及作用，充分顯露本書的重要意涵。

科技與日俱進，我深信AVM的未來充滿無限可能，將為企業帶來更高效、更科學的管理模式，展現其強大的價值與影響力。

例如，AVM能在AI的輔助下，為企業帶來更精準的預測與決策力；同時，將ESG與AVM融合，不僅能營造更良好的環境，也能幫助企業解決「漂綠」及計算碳排放之範疇1、2及3的課題，進而提升企業的國際競爭力。

AVM不僅能夠協助企業從事科學化決策，進而提高企業決策的準確性與效率，更是走向永續發展的關鍵之鑰。

在此，我要特別感謝碩士班的指導教授劉維琪校長對我的長期支持與鼓勵，且努力地推廣AVM，每每聽到他真心的鼓舞，便能讓我鼓起繼續奮戰下去的勇氣與生命力。同時，也由衷感謝遠見．天下文化事業群創辦人高希均教授，自從他參加整合性策略價值管理研究中心（iSVMS）舉辦的AVM體驗營後，認為AVM必須科普化，決定由《遠見雜誌》社長楊瑪利領軍，帶領編輯群從事實地採訪及整理，才有本書的問世。

學術創新與實務應用結合的「知行合一」信念，始終是我學術生涯的核心價值，誠摯期盼以文字拋磚引玉，透過這本書的實務例證，觸動產業省思，達成利他共贏、回饋社會的願景。

謹以此書，與各位攜手共創台灣美好的未來。

第一部 觀念篇

你所不知道的 AVM

企業經營過程中，

獲利或虧損可能均不如管理者所想像。

透過AVM，跳脫傳統財會框架，

能夠看見不一樣的營運真相。

從ABCM到AVM
解決成本問題的發現之旅

傳統會計財報有助了解經營成果，
卻無法理解獲利或虧損的原因，
近年來企業開始意識到，想要永續經營，
必須對症下藥，找到節約成本和提升效能的機會，
AVM也在這樣的趨勢下應運而生。

政大會計系講座教授吳安妮經過近四十年的理論創新及實務運用，發展出AVM這項管理會計實作制度，協助企業做對管理。

台灣的經濟結構之所以能在世界占有一席之地，製造業的傑出表現，絕對是其中關鍵。不論是擔任先鋒的資通訊、半導體等電子產業，或是精密機械、金屬工業，乃至於紡織及食品業，產業獲利均高度依賴有效的成本控管。尤其在全球化的趨勢下，製造業所面臨到的成本撙節、績效改善等議題，更迫切需要尋求解決之道。

長久以來，在成本控管上，多數企業依賴傳統的財務報表來了解經營成果，但近年來許多企業開始意識到，傳統財報僅能呈現收入、支出和毛利等項目，卻往往忽略了隱藏在表面下的各種繁複因素，例如：生產效率、物料浪費、供應鏈管理瓶頸等課題。

因此，想要使企業永續，若仍依賴傳統財務報表的分析方法，可能會讓企業的決策思維陷入盲點。典型狀況之一，就是即使發現業績有下降的趨勢，卻往往找不出具體原因，提出的各項解決方案也很難展現具體成效。

長此以往，不僅可能損害公司利潤，還可能削弱員工士氣，造成人才流失。

為了克服這些問題，許多企業開始透過數據挖掘、效能分析，以及供應鏈優化等方法，深入了解公司的運作狀況，企圖找到節約成本和提升效能的機會。

以管會觀念應對成本控制挑戰

這正是管理會計提出的觀念，利用全面、準確、即時的資訊，為企業管理者提供決策依據。

管理會計所關注的重點，除了財務數據，還包含非財務數據，如：市場需求、產品品質、客戶滿意度、員工績效等，並針對這些數據進行分析、預測、評價等工作，幫助管理者制定合理的目標、策略和計畫。

進一步來說，管理會計經由成本核算、成本分析、成本預算等方法，可以幫助企業減少無效支出、提高成本效益、降低無價值的生產成本和經營成本。

此外，管理會計還可以通過成本責任制、成本考核制等方式，將成本控制責任分配到各個部門和個人，激勵部門和個人節約資源，提高效率。

製造業的成本控管，不僅是一個企業層面的挑戰，更涉及整個產業和經濟的競爭力，若能結合先進的分析工具，達到更精確的成本控制，可望促使企業和整個產業持續成長、繁榮。

而由政治大學會計系講座教授吳安妮，所提出的「作業價值管理」（Activity Value Management, AVM），就是這樣的一套管理會計分析制度。

AVM是吳安妮經過超過三十年的理論創新及實務運用，所發展出來的管理會計實作制度，目前已經取得多項台灣及中國大陸的商標權及發明專利。而在了解AVM之前，必須先了解吳安妮的重要學術成就，以及她從七歲開始的起心動念——要如何解決成本與價值關係的疑惑。

首位獲得美國會計學會四大獎項的學者

吳安妮是亞洲第二位、台灣第一位獲得2021年美國會計學會(AAA)「國際會計領域」(IAS)之「傑出國際會計教育家獎」的會計學者，這個獎項是全球「國際會計領域」最高的獎項，主要表彰她在教學、研究和實務上的卓越貢獻。

2021年獲獎後，隔年她又連續獲得美國會計學會「管理會計領域」(MAS)第二十屆「管理會計終身貢獻獎」及「所有會計領域」第五十屆「傑出會計教育家獎」，此獎項是會計學界最高榮譽獎項，被譽為「全球會計界的諾貝爾獎」，這二個獎項都是首次頒發給亞洲的學者；2023年，她又獲得美國會計學會頒贈「管理會計文獻卓越

吳老師小教室

管理會計經由成本核算、成本分析、成本預算等方法，可以幫助企業減少無效支出、提高成本效益、降低無價值的生產成本和經營成本。

貢獻獎」，成為全球首位獲得美國會計學會四大獎項的會計學者。她在管理會計理論、實務和教育的相關貢獻，已得到國際的一致肯定。

至於國內，吳安妮更是獲獎無數，包括：政大「仲尼傑出教學獎」、教育部「學術獎」與「國家講座主持人獎」、經濟部「國家產業創新獎——創新菁英（女傑組首獎）」、「玉山學術獎」、「穩懋當代會計學者」，以及遠見高峰會「君子教育家」等獎項。

吳安妮的專長是管理會計，尤其是作業基礎成本管理（Activity-based Cost Management, ABCM）、平衡計分卡（Balanced Score Card, BSC）及策略性智慧資本（Strategic Intellectual Capital, SIC）等。

不僅在台灣，她在兩岸台商與會計學術界均享有盛名，多次受邀至中國大陸，對台商進行長期經營策略管理的輔導，早已被公認為台灣、甚至國際管理會計權威，名列世界百大管理會計學者。而她以平衡計分卡及ABCM為基礎，推出AVM這套創新研究的整合性制度，可算是管理會計當中，結合理論與實務的巔峰之作，協助企業破除成本迷思，掌握正確因果資訊，進而做對決策，賺到「管理財」。

出人意料的是，回顧吳安妮迄今的學術成就，居然是從她七歲時就已立定的志向。

七歲小女孩的成本萌芽

吳安妮出生在台中縣和平鄉（現為台中市和平區），母親是家庭主婦，家中有四個小孩，生活開支僅靠父親擔任消防隊員的微薄薪水支撐，經濟情況並不寬裕。身為長女的她，自幼就扛下了家中重擔，協助母親處理家中的大小事務，當地鄉民都認識這個勤快又孝順的小女生。

七歲時，一家梅子果園的主人找到她家，希望吳安妮可以在農忙期協助採梅子；想到可以賺些錢貼補家用，她就一口氣答應下來。果園當時有三十多個工人，身材最矮小的吳安妮排在最後領工錢，當她把這個生平第一筆打工賺來的錢交給母親時，開心之餘，腦中浮現了一個完全跳脫她這個年紀的想法：

「老闆給我們那麼多錢，他自己有賺到錢嗎？」

這個小故事，在吳安妮投入研究和教學之後，對人講了無數次。那是她第一次遇到微型企業，也是小小心靈中對於「成本」概念萌芽的開端。

方法對了，不花成本也能創造價值

由於住在山區的村落，吳安妮上學得搭半小時的公車，下車後還要走十分鐘才能到學校，小學二年級就充滿好奇心的她，經常會到路邊經過的文具店東摸西看。

某一次，文具店老闆說要教她做生意，鼓勵她用10元買一盒戳戳樂，帶去學校給同學玩，戳一次1元。「我那時候很有會計概念，可能前輩子就跟會計有關，」吳安妮笑著說，那時她跟媽媽要二個袋子，其中一個裝自己的零用錢，另一個專門放做生意的錢。

不過，吳安妮很快就發現，這個生意不划算，連十元本錢都收不回來。因為戳戳樂有分大小獎，經常前面幾個人把大獎戳走了，大家對小獎興趣缺缺，後面自然很少人會願意再掏錢來玩。

這個生意跟運氣有很大的關聯，吳安妮印象中，最多也不過收回8元，幾乎都是虧本。更麻煩的是，大獎被抽完之後，剩下一堆連二年級小學生都不要的小獎品。怎麼辦？

她不想把花錢買來的東西當成垃圾亂扔，靈機一動，把它當成小禮物送給一年級的學弟、學妹，之後就有很多一年級的小朋友，下課後跑到她上課的教室門口，等著拿那些賣不出去的小東西。

這是吳安妮第一次體會到，成本、收入之間的關係。同時，她非但不隨意浪費物品，更利用了ESG（Environment, Social, Governance，環境保護、社會責任、公司治理）的概念，來處理自己的「存貨」。

從頭虧到尾的戳戳樂，讓吳安妮理解到賺錢不易，後來就轉向不用花費金錢成本的自然資源，像是去住家附近的竹林，撿拾斗笠葉賣給斗笠工廠，而這也成為她認識「資源及價值」關係的開端，並且發現，原來，用對方法，即使不付出成本，還是可以創造收入及價值。

從廢料中看見生產問題

高中畢業後，吳安妮考上東海大學經濟系夜間部，遇到了一位生命中的貴人——當時擔任夜間部主任的教授呂士朋。

呂士朋認為，經濟系夜間部的學生，將來畢業一定找不到工作，因此鼓勵大家學習會計，培養專業能力。於是，吳安妮從初級會計學起，一直讀到中級會計、成本會計、管理會計、審計等。「我那時候幾乎就是在念會計系，」吳安妮感性地說：「呂士朋老師真的很有心，很為學生的前途著想；雖然他已經過世了，我還是很懷念他！」

除了開始鑽研會計之外，吳安妮的另一段打工經驗，更讓她發現，中小企業知道成本的重要，卻無法精準掌控。

這是來自大學時期去假花工廠打工的經驗。那家工廠專門製造假花，並設有十個不同的生產站點，吳安妮被分派到第三個站點工作；她注意到，站點旁邊堆放了許多廢棄的不良品。

這些一般人根本不關心的廢料，卻讓她體會到「生產過程出了問題」。

由於自七歲起就對成本有著深厚的興趣和體悟，吳安妮開始反思這些不良品對成本的影響。

「那些打掉或重做的不良品都是隱藏的成本，」吳安妮說，她要

吳老師小教室

打掉或重做的不良品都是隱藏成本。

求自己在工作時務必謹慎，以確保不良品的數量減到最少。而這一連串的動作，引起了工廠老闆的關注，只有國中畢業的她特地向吳安妮這位大學生請教，希望聽聽她對工廠的建議。

「大量拋棄的不良品，消耗掉極多成本，所以公司一定不太賺錢，」吳安妮依據自己的觀察，建議老闆考慮按件計酬，只有生產出合格產品時，才發給工人薪資。

老闆採納了這項建議，改採按件計酬，工廠的利潤在之後兩年顯著提升，這也讓吳安妮意識到，企業的成本和生產流程之間有極大的關聯性，而所謂的生產流程，也成為後來AVM當中的關鍵要素「A」——作業。

不過，即使有了這個概念，如何精確計算成本這件事，仍未尋得解方。

尋求解決成本問題的方法

在中山大學企業管理研究所攻讀碩士學位時，吳安妮選擇了最難做的「成本函數」，並且在指導教授劉維琪的協助下，取得高雄楠梓區一家小型工廠所有部門的管理報表，每個星期去工廠三天，只為了研究那些報表，想了解成本的全貌，最後她以成本函數分析完成了碩士論文。

在撰寫碩士論文的過程中，吳安妮對於「成本」，又有兩項新的發現：

第一，要找到精確的成本，一定要取得公司所有部門的資料。

第二，成本一定要跟流程，也就是作業，結合在一起。

不過，她心中始終有二個重要謎團難以解決：一個，是如何整合公司內部的各項成本；另一個，則是如何計算那些成本數字。

在中山企研所時，吳安妮不斷追問所有老師相關問題，卻沒有人能解答，問到後來老師們直接把問題回給吳安妮。

「有一位老師就跟我說，妳這麼愛問問題，那就到美國去念博士，把妳這些管理問題解決掉，」吳安妮說，後來她對天發誓，一定要去美國念博士，而且一定要找到解決成本問題的解方。

1986年，吳安妮考取公費留學，到美國喬治華盛頓大學攻讀博士，她不忘初心，努力尋找各類研究文獻；除了學校圖書館，她還跑到全世界館藏量最大的美國國會圖書館去翻閱相關研究，直到她讀到由哈佛大學柯普朗（Robert S. Kaplan）和庫柏（Robin Cooper）兩位教授發表的作業基礎成本管理（ABCM），以「作業」為細胞，協助企業解決成本計算及成本管理的相關問題。

「我那時就很驚豔，這不就是我要的嗎？這就是我過去盡力想解決問題的解方！」吳安妮至今仍然對這段「發現之旅」興奮不已，辛苦尋找了一輩子的目標終於看到一線曙光。

採訪整理／張彥文・圖片提供／吳安妮

發掘隱藏成本
破解三大迷思、四大困惑

將不同的「作業」分配到每一個產品上，
才能真實反應出每個產品或服務的真實成本。
也正是透過作業分析，
企業才能破解長期以來的成本迷思與經營困惑。

作業價值管理（AVM）的誕生，可說是完全奠基於柯普朗相關的研究，包含平衡計分卡（BSC）與作業基礎成本管理（ABCM）。

平衡計分卡是柯普朗與美國策略管理顧問公司的諾頓（David P. Norton）於1992年共同提出的企業管理工具，用來幫助企業更全面地了解和監控相關績效。有人形容，平衡計分卡就如同飛機駕駛艙內複雜的儀表板，讓飛行員能夠透過相關資訊，像是油量、航速、高度、氣壓等，掌握飛機狀況，平安抵達目的地。

這樣的譬喻也是其來有自，因為企業經營與飛機航行十分類似，是一個需要同時考慮多方面因素的複雜過程——企業要想達成願景和年度目標，管理者（飛行員）必須同時留意多種不同的績效指標（飛機儀表板上的相關資訊）。平衡計分卡，便如同飛機的儀表板，為經營者提供完整而多元的視角，幫助他們順利導航，最終達成企業的長遠目標。

以平衡計分卡做為改變的依據

平衡計分卡包含四大面向：

1 財務面向：主要是關於企業的經濟效益，例如：利潤、收入和成本。

2 客戶面向：指的是顧客滿意度和忠誠度，並且探討如何吸引和留住顧客。

3 內部流程面向：公司的操作效率，確保各項業務流程都能夠順暢進行。

4 學習與成長面向：關於員工的學習、技能提升和組織文化，以確保公司能持續成長和創新。

使用平衡計分卡的好處是，不僅考量了財務目標，還同時注重了顧客、員工和流程，確保組織在各個方面都能夠保持平衡和持續成長。簡單來說，它幫助企業從多方面去評估和監控公司的表現，以確保長期的成功。

尤其，平衡計分卡並不是一道道的計算題，而是一個綜合性的管理框架，企業必須為每一面向設定具體的目標和衡量指標，然後根據實際的數據來評估進度（如33頁「平衡計分卡執行步驟」）。

不僅如此，平衡計分卡並非被動的監控工具，而是一個能促使組織不斷學習、調整和成長的框架，當中的「計算」所強調的重點是「衡量」及「評估」，做為改變和創新的依據。以町洋集團為例，便是透過AVM產生的資料，發現產品設定的目標客戶不符合實際狀況，使得業務人員能夠即時調整提供給客戶產品的類型，是決策及策略改變的重要依據（詳見本書第二部町洋案例）。

精準分配成本歸屬

至於作業基礎成本管理（ABCM），則是由柯普朗與庫柏兩位教授所提出的理論，強調細微且精確地將成本分配到特定的產品或服務，這也成為政大會計系講座教授吳安妮發展AVM最重要的基礎。

平衡計分卡執行步驟

步驟	說明
設定目標	組織需要確定發展的目標 例如：在客戶面向，目標可能是「提高客戶利潤」
選擇指標	為目標選擇一個或多個衡量指標 例如：客戶利潤指標係由 AVM 產生
蒐集數據	進行必要的數據蒐集 例如：透過 AVM 計算出每一位顧客之利潤
評估分析	與預定目標進行比較 例如：如果客戶目標利潤與實際利潤有差距，便需要探討差距的原因
採取行動	基於分析結果，決定下一步行動 例如：如果客戶利潤偏低，則可能需要改進訂價或服務方式等

舉例來說，一家工廠生產各類不同的產品，每個產品的生產過程多半都需要不同的時間、原料，甚至工序都不同，但傳統的成本計算可能只是簡單地按比例分攤，甚至採用整體的產出及收入來計算產品成本，如此便可能導致某些產品的成本被高估，某些卻被低估。

日正食品就是其中一個例子，傳統會計以同一種方式計算人工生產和自動化生產的成本分攤，導致報價總是比別人高，自然缺乏市場競爭力（詳見本書第二部日正案例）。

相對來說，ABCM的理論主張，應該將整體成本劃分為各自獨立的活動或過程，像是一家玩具工廠，其中一項活動可能是「組裝玩具」，另一個活動是「包裝玩具」，每一項活動都代表不同的「成本」，複雜的玩具可能需要更多的組裝時間，體積龐大的玩具則需要更多的包裝材料、包裝時間等，這些都代表一項產品的產出過程中，包含了不同的「作業」。

吳安妮強調，將不同的「作業」分配到每一個產品上，才能真實反應出每個產品或服務的真實成本，企業也才可以透過分析這些作業，找出哪些作業是效率不佳的，對症下藥進行調整，從而協助管理者做出更精確的訂價和利潤決策。

再舉一個實例，假設一家大型醫院想要更精確了解各項醫療服務

吳老師小教室

ABCM強調細微且精確地將成本分配到特定的產品或服務，是AVM的重要基礎。

的成本，在傳統的成本分攤方法中，醫院可能僅將成本分攤到各個部門，如：內科、外科和急診部，但這種方法忽略了不同治療程序和病人類型可能帶來的成本差異。

相對來說，若是採取ABCM的概念，醫院就可以細分其成本到具體的「作業」，例如：病人入院、手術、檢查、治療、藥物分發、病人出院等。以一位心臟病患者的治療過程來說，可能需要經歷心電圖、藥物治療、手術和復健，醫院可以計算進行每項作業的成本，然後將這些成本加總，得到治療該心臟病患的整體成本。

如此一來，醫院不僅可以知道每個部門的成本，還可以了解治療不同疾病或進行不同手術的真實成本，有助於醫院確定哪些程序的成本偏高，可能需要改進效率，以及哪些程序的成本是合理的，以便讓醫院更精確地設定醫療費用，並確保每項醫療服務之資源最有效地運用，同時提供高品質的病人照護。

從前述實例可以理解，ABCM就如同一個放大鏡，幫助企業領導者深入了解企業內部的各種成本，真正找到問題，並做對決策。

找到長期競爭力不足的原因

自從在美國發現ABCM理論後，吳安妮便致力鑽研其內涵，甚至蒐羅全球各地相關的論文詳加研讀，目前關於ABCM及其前身作業制成本制度（Activity-based Cost, ABC）的論文約莫幾千篇，「我大部分都認真讀過，全世界的文章我大部分都有。」

柯普朗與庫柏一開始提出的理論是ABC，指出傳統的成本核算方法可能會忽略或簡化某些間接成本的分攤，導致某些產品的成本被高估，而其他產品的成本則被低估，因此企業必須設法找出實際的成本。而之後發展出的ABCM，理論基礎相同，只是強調找出實際成本之後，還必須用來做為管理及決策的依據。

為什麼這樣的理論架構會讓吳安妮如此醉心？

當然，遠因是七歲開始的起心動念，台灣有許多勤奮打拚的中小企業及微型企業，有時他們從早忙到晚，卻根本搞不清楚自己到底有沒有賺到錢？抑或者，如果賺了錢，是因為哪裡造成獲利？若是沒賺到錢，是哪裡出了問題？又該如何調整改善？這些問題難以解答，就變成瞎子摸象，一切靠天吃飯。

尤其，過去數十年來，台灣可說是依靠「代工」創造了一連串的經濟奇蹟，我們的製造業注重彈性和迅速回應市場需求，獲利重點在於如何有效控制成本，然而許多企業想方設法將成本壓到最低，結果卻經常錯砍成本、錯置資源，反倒不知不覺削弱了長期競爭力。

因為這個體悟，吳安妮不只一次發願，要盡力幫台灣產業界解決這個長年沉痾。就讀中山企研所時，更立定志向去國外取經，果然讓她從平衡計分卡和ABCM尋得了契機。

釐清三大成本迷思

進入美國喬治華盛頓大學後，吳安妮僅歷時三年九個月就取得博士學位，創下該校最快取得博士的紀錄之一。回國之前，她再度發下三個大願：第一，回台灣建立管理會計的堅實基礎，要讓台灣的管理會計對全世界的管理會計做出貢獻；第二，要做出對全世界產業界都有影響的學術研究；第三，身為虔誠佛教徒的她，要以一個佛法修行者的身分，用學術產生的效益證明佛法的偉大。而她也深信，要完成這些大願，最關鍵的就是將管理會計相關理論與台灣產業結合，找出具體推動的相關做法，這樣就一定能幫企業找到最終的解方。

1990年回到台灣之後，吳安妮進入政大會計系任教，除了作育英才之外，她念茲在茲的便是如何幫助台灣企業，從管理會計的角度，找到正確的成本計算方式，並成為精準決策的依據。

為了實現理想，她開始與許多企業接觸，也在這個過程中，發現台灣許多企業都自詡是「控制成本」的高手，實際上卻由於對成本概念的誤解，而產生三大迷思（圖2-1）：

迷思 1 不知如何取捨長期或短期成本

當企業察覺「利潤」開始下滑時，都會覺得需要改變現況，且多採取降低「短期成本」來因應。這種做法或許在短期內可以看到數字上的利潤改善，其實卻造成了長期成本的上升。

當公司在制定策略或決策時，分辨短期和長期成本至關重要，這不僅影響資金流和盈利，還可能影響公司的品牌、市場地位和永續性；換句話說，短期的節省可能導致長期的成本增加，就像是「減少研發支出」可能會提高短期利潤，但長期下來卻導致技術和產品創新變得落後。

例如：A公司為了短期的盈利，決定減少在產品研發和員工培訓上的投資。初期，由於減少了這些「非必要」成本，公司的利潤因而上升，然而卻因此造成「缺乏創新」和「員工技能衰退」等缺失，公司的產品開始面臨對手的競爭壓力、顧客對公司產品失去信心，進而造成顧客流失；在此同時，B公司則決定增加其研發和員工培訓的投資，雖然短期內增加了公司的成本，但長期來看，由於創新的產品和員工效率增加，B公司的市場占有率和利潤反而因此提高。

從這兩家公司的例子可以看到，僅注重短期成本而忽略長期投資，可能會對企業的未來造成嚴重影響；反之，具有前瞻性和戰略性的投資，雖然短期可能增加成本，長期則可能為企業帶來巨大回報。問題是，這件事說起來好像很簡單，但困難之處在於，很多企業無法評估哪些是可能有益的長期成本，以及應該如何取捨。

迷思 2 誤以為大客戶就是好客戶

企業通常認為，占公司訂單最大比例的客戶就是最好且最重要的客戶。表面上，這是一個簡單的邏輯：大客戶代表大訂單，大訂單必然為公司帶來更高的收入，但實際上，企業與特定大客戶之間的關係可能帶來多種風險和隱藏成本，因為大客戶一般具有談判優勢，得以透過購買力對售價施加壓力，要求更大的折扣，或是要求客製化的產

圖2-1：企業營運常見三大成本迷思

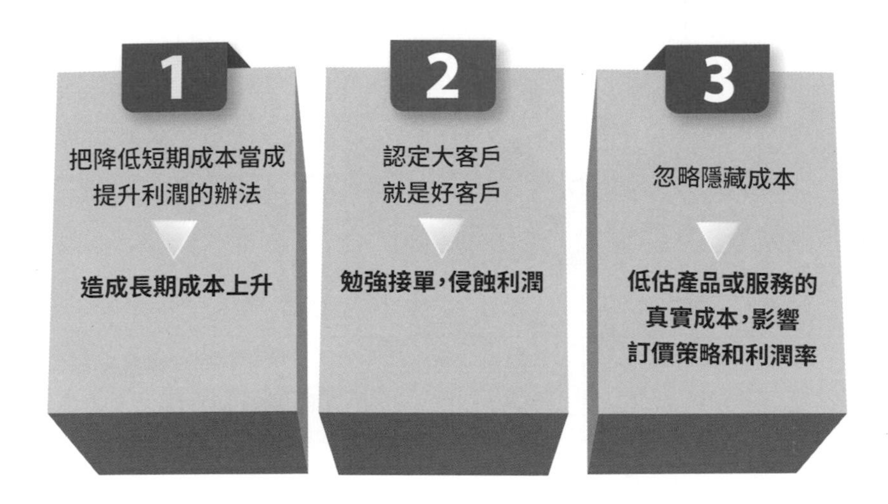

品或服務。

類似情況在台灣產業界極為常見，而廠商為求保有大客戶的訂單，往往選擇勉為其難接受，但這經常侵蝕原有的利潤空間。

旭然國際就曾發生這樣的情況，銷售表現一向良好的A產品，在納入管理及顧客服務成本資訊之後，才發現淨利居然是負數，國外市場虧損率更高達三成，原因就出在除了製造成本率偏高，客戶服務成本更高出平均值五至七倍（詳見本書第二部旭然案例）。

大客戶所造成的最大迷思，也常是傳統財務報表的盲點，因為財報往往顯示，大客戶占企業收入比例相當高，毛利也很好，甚至是公司毛利的主要來源，但其實這種傳統財務會計的成本計算，可能產生

政大會計系講座教授吳安妮提醒，公司在制定策略或決策時，必須分辨短期和長期成本，因為它不僅影響資金流和盈利，還可能影響公司的品牌、市場地位和永續性。

無法呈現像是客製化服務而造成的額外成本負擔等狀況。

若大客戶決定更換供應商或減少訂單，更可能會對企業造成巨大的財務打擊，因為他們已經在原料、生產線和人力上進行了大量投資，以便滿足大客戶的需求，這種長期性的風險和損失更難以估計。

諸如此類的問題，採用「管理會計」的方式，才能將企業為大客戶付出遠多於其他客戶的成本一併計入，結果可能發現，最後計算下來，大客戶反而是造成公司「長期虧本」的主要原因，但若是缺乏實際證據，多數企業極難評估大客戶對於企業獲利的實際貢獻，也無法判斷下一步該如何做。

迷思 3 看不清楚「隱藏成本」

除了直接的生產或營運成本，許多隱藏的成本，例如：員工培訓、設備維護、失誤造成的重新工作等，也可能侵蝕企業的利潤。就像吳安妮在大學時期打工的假花工廠，報廢的不良品都是隱藏成本，但工廠老闆可能不了解其影響，或是即使意識到這個問題，也不知道如何計算隱藏成本。

如果企業只注重明顯的成本，而忽略了這些隱藏成本，可能會低估產品或服務的真實成本，從而影響訂價策略和利潤率。

最常見的情況，就是「存貨」。

依據財務會計的計算方式，期末存貨是銷貨成本的「減項」、毛利的「加項」，會使公司的財報毛利增加，表面上對公司是一件好事，但是存貨經常會帶來許多衍生成本，例如：存貨倉庫所產生的「場地成本」、為管理存貨所產生的「管理成本」，一旦存貨逾期，還得另外付出「報廢處理」成本，這些隱藏成本經常高得驚人。

舉例來看：強效電子公司為了提高生產效率，決定購買一台新的高效能生產設備，設備的購買價格是一百萬元，這是明確的、可以計算的直接成本，但它可能有哪些隱藏成本？

首先，新設備需要專業人員進行安裝和測試，這可能需要額外的時間和資源；其次，新設備可能與舊設備的操作方式不同，生產線上的員工需要接受培訓，而這不僅涉及培訓成本，還有在培訓期間員工不生產的機會成本；第三，新設備可能需要特殊的維護或更頻繁的保養，而這些工作可能與原本強效電子所採用的機台完全不同，導致維護成本增加；最後，新設備的生產效率可能比舊設備高，但壽命可能比舊設備短，導致更高的長期折舊成本。

對強效電子而言，僅考慮新設備的直接購置成本是不夠的，為了做出明智的投資決策，必須深入考慮所有與購置和使用新設備相關的隱藏成本，才能確保公司做出最有利的決策，並避免未來可能出現的意外支出。但即使理解這個概念，若缺乏一個有效的成本分析工具，企業也極難估算出這些隱藏成本。

看見四大決策困惑

除了成本迷思之外，台灣企業，尤其中小企業，更經常存在四種經營決策面向的困惑（圖2-2）。

困惑 1 產品創新研發困惑

有沒有更好的辦法，讓企業知道，創新能否解決現有問題，或是該從什麼地方推動創新？

產品的研發創新，是許多企業面臨的一大課題，是否投入資源於新產品研發或現有產品的創新，涉及多重考量。

例如：首先，研發需要大量的時間、人力和財務資源，企業必須考慮，本身是否有足夠的資源進行研發，且在這些資源投入後，是否能夠得到預期的回報；再者，研發創新往往伴隨著風險，有時研發過程中可能遭遇技術瓶頸，抑或其他不可預見的問題，都可能導致研發創新的失敗。

更重要的是，研發創新代表要取代既有產品或服務，勢必要付出更高的「成本」，這很容易讓企業難以決斷，應該如何面對創新研發的需求？又該如何決定正確的創新研發方向？

研發創新是一項涉及多重考量的決策，企業不僅要考慮短期的投資回報，還要考慮如何透過研發創新實現長期的策略目標。這也是為什麼許多企業在面臨是否要進行研發創新時，經常感到困惑和猶豫。

困惑 2 大客戶訂價困惑

有沒有更好的辦法，讓企業可與大客戶溝通，訂定合理的價格？

訂價策略一直是管理領域中的重要議題，牽涉到成本、利潤、客戶關係、市占率、競爭對手和策略布局等諸多複雜因素，尤其是對於大客戶的訂價。如何在吸引大客戶與確保良好利潤之間求得平衡，對企業始終是重大考驗。

這項困惑，與台灣企業三大成本迷思中的「誤以為大客戶就是好客戶」有類似的狀況。面對大客戶時，企業總是會希望盡量滿足大客戶的所有需求，以維繫長期的穩定訂單，但事實上，大客戶並不等於好客戶，若是大客戶已經存有許多會侵蝕利潤的隱藏成本，企業又為了滿足他們而在訂價上一再退讓，對企業的長期發展必然十分不利。

圖2-2：經營決策的四大困惑

1
產品創新研發困惑
創新能否解決現有困境？
該從何處推動創新？

2
大客戶訂價困惑
如何與大客戶溝通，
訂定合理價格？

3
長期虧本困惑
如何能夠迅速、確實地
找到長期虧本的原因？

4
轉型升級及接班困惑
如何順利找到轉型
及接班的方向？

然而，對企業來說，要找到一個讓雙方都能得益的訂價，委實不易。

困惑 3 長期虧本困惑

有沒有更好的辦法，讓企業能夠迅速且確實地，找到長期虧本的原因？

有些企業長時間面臨財務困難或持續虧損，卻難以找到具體原因，這通常涉及多方面的問題，且原因可能隱藏在日常經營的某些細節中。

例如，某家時尚品牌，長久以其品味及質感聞名，並廣受消費者歡迎，但突然之間業績快速下滑，出現了好幾個季度的虧損。該品牌起初以為，是新推出的設計不受市場歡迎，所以更換了設計師，但問題依然存在；直到過了很長一段時間，才發現，其實是供應鏈出了問題，造成生產延誤和品質問題，導致消費者失去信心。

又如某家電子產品製造商，在新冠肺炎疫情結束之後長達一年多的時間，仍舊無法提升銷售量，營業損失更持續擴大。該公司原本認為，問題在於新產品的銷售策略，於是進行多次調整，但仍然看不出具體成效；就這樣又過了許久，才發現，原來是主要供應商提高了部分零件價格，但公司並未及時調整產品價格，導致利潤率大幅下降。

前述例了顯示，對於連續虧損的原因，很多時候並不是表面上看起來的那樣，必須深入分析和了解整個營運體系，而且往往要實際執行一段時間，才能確認是否採用了正確的解方。

困惑 4 轉型升級及接班困惑

有沒有更好的辦法，讓企業能夠順利找到轉型及接班的方向？

台灣的經濟發展歷程中，許多企業已在全球供應鏈中站穩了腳步，特別是製造業；然而隨著全球競爭加劇、技術提升和消費者需求改變，許多台灣企業面臨到必須轉型升級的壓力。

這其中最大的挑戰在於，所有企業都明白轉型升級的重要，卻無法確定轉型升級具體的策略、方向、步驟。

企業資源有限，一旦走錯方向，耗費的資源、人力可能會使企業遭致重大衝擊，需要很長時間才能恢復，這也是讓許多企業明知必須轉型升級，卻仍躊躇不前或是行動遲緩的原因。

另外，接班對許多企業亦是一個重要議題。

以《哈佛商業評論》全球繁體中文版於2022年執行的「台灣企

吳老師小教室

將不同的「作業」分配到每一個產品上，才能反映出每個產品或服務的真實成本。

業領袖100強」的內容來看，入選企業家年齡在七十歲以上的占比高達48%，表示台灣企業亟需新血注入；再者，目前對於企業數位轉型的需求亦十分殷切，許多研究或相關報導均指出，二代接班對於企業推動數位轉型更有成效，因為二代往往在不同的教育背景和環境中成長，更能理解數位科技的重要性和價值，使得他們在面對數位轉型時更為主動和開放。

不過，企業在二代接班時，也會碰上與轉型升級類似的問題，就是如何在變革的過程中，維持固有優勢，同時又能導入創新的動能？若是一味守成，可能錯過改革的時機；但若變動太過劇烈，又可能造成企業內部的動盪。

勇昌貿易便是其中一個例子，他們藉由AVM，讓二代經營者有所本，塑造其思維和判斷能力，也讓兩代之間有共同目標，知道願景與價值觀是什麼，避免產生偏差（詳見本書第二部勇昌案例）。

台灣企業的接班問題並非只是領導者更迭的問題，而是涉及到企業文化、管理哲學、策略方向等多方面的深度轉型，所幸這些問題現在都有了解答，不論是成本的三大迷思，或是四種經營決策的困惑，都有了科學化的方法可以解決，只要透過AVM整合性制度，企業經營決策便不再僅能依靠經驗法則或有遠見的企業家來執行，而是透過扎實的資訊分析，得出科學化的結果，達到決策科學之精準方向。

採訪整理／張彥文・圖片提供／吳安妮

以終為始
問題源頭就在經營結果裡

從小火鍋店到台積電，從台灣到全世界，
AVM解決傳統成本制度資訊不盡真實或正確的問題，
提供結合原因和結果的管理資訊，
協助企業找到做對決策的客觀依據。

從幼年時期的懵懂、求學階段的好奇，再到發現理論後的曙光，政大會計系講座教授吳安妮耗時三十餘年淬煉出的作業價值管理（AVM），已經成為一套兼具理論基礎與實務需求的堅實架構，其中，最重要的精髓就是AVM中的四大模組——資源模組、作業中心模組、作業模組、價值標的模組（圖3-1）。

模組一「資源模組」，指的是企業投入製造或服務時，運用了多少資源，也就是花了多少費用。

模組二「作業中心模組」，則是找出這些費用是哪個部門或哪些作業執行者（人員、機台或資訊系統）花費的，這樣就可以清楚了解部門或作業執行者可運用的正常產能情況，進而計算出每項作業的標準成本。

然而，標準成本與實際成本通常會有差距，此時便可透過第三項的「作業模組」，找出實際成本，再與模組二的標準成本比較，就能進一步了解產能到底是「超用」或是「剩餘」。

值得一提的是，作業模組最大的特色，是包括五大作業屬性：品質、性能、附加價值、顧客服務及ESG屬性，進而得以使成本管理與品質、性能、附加價值、顧客服務及ESG管理結合一體。

至於第四項「價值標的模組」，則是強調產品或服務產生的「價值估算」，亦即作業是為哪項產品或哪些客戶產生了多少貢獻，以及創造了多少短期利潤或長期價值。

在這四個模組的整合規劃下，企業便可得到整體研發、設計、生產、營運、銷售、管理過程中的「原因資訊」和「結果資訊」，由

圖3-1：AVM四大模組

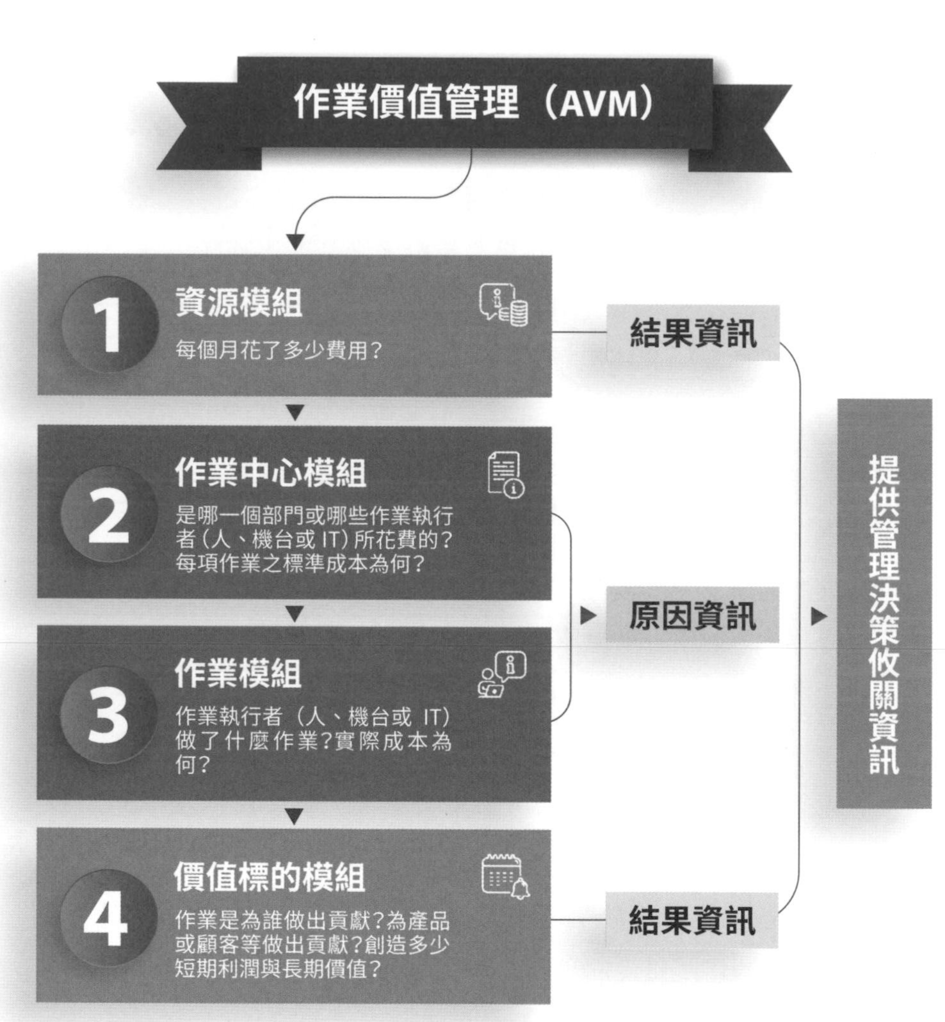
作業價值管理（AVM）
1
資源模組
每個月花了多少費用？
2
作業中心模組
是哪一個部門或哪些作業執行者（人、機台或IT）所花費的？每項作業之標準成本為何？
3
作業模組
作業執行者（人、機台或IT）做了什麼作業？實際成本為何？
4
價值標的模組
作業是為誰做出貢獻？為產品或顧客等做出貢獻？創造多少短期利潤與長期價值？
結果資訊
原因資訊
結果資訊
提供管理決策攸關資訊

此進一步獲得有憑有據的「決策資訊」，不再需要憑經驗或運氣做決策。而之所以能夠做到這一點，則有賴於AVM四大模組的五大創新設計。

五大創新優化成本估算

AVM四大模組中，涵蓋了五項重要的創新（圖3-2）：

創新 1 以單項的「作業」取代傳統的「會計科目」

以「作業」為細胞或是計算單位，是AVM最重要的核心精神，企業因此能夠得到最精確的成本和利潤計算，後面幾項創新也都是因此而來，是AVM模組中最重要的創新。

傳統的成本制度主要以「會計科目」找出成本分攤的相關因素，例如：甲工廠沖壓機的生產成本（來自於會計科目），會以「生產量」、「機器小時」、「人工小時」等來分攤成本給產品。

然而，這種傳統會計科目的計算方式有許多盲點，像是機器的新舊程度、資深和新進員工的熟練度等，都會影響到不同機台的產品產出成果，但傳統的方式是把這些有差異的成果全部加總起來，因此無法看到個別產品生產的差異及其影響。

相對來說，AVM以單項「作業」做為計算的「細胞」，以甲工廠的例子來說，若有10台沖壓機，就有10項作業內容，每項作業分別計算其產出效能，得到最精確的產品成本計算。

以吳安妮大學時代打工的假花工廠而言，共有10個生產站點，為什麼只有一個站點堆了那麼多的不良品？是因為機器老舊？員工疏忽？還是有其他原因？

事實上，這個站點可能早已是整條生產線上的「瓶頸機台」或「瓶頸流程」，而且拖累了整體獲利。然而，傳統會計科目卻無法發現這個問題，唯有AVM將所有站點拆分為單項作業之後，才能真實呈現，也才能解決傳統成本制度資訊不正確或不完整的問題。

更重要的是，傳統的會計科目當中，會有許多無法計算的「隱藏成本」。

從〔圖3-3〕就可以看見，傳統成本制度與AVM制度的三大差異，而就如同前一章節在企業的三大成本迷思當中提及，大客戶可能訂單金額龐大，但公司花費極大的人力及時間去滿足大客戶，甚至提供大大小小的「客製化服務」，所以實際上大客戶的利潤貢獻極低，甚至無利可圖；或是像一般被列為毛利加項的「存貨」，實際上卻隱含「倉儲場地成本」、「存貨管理成本」和「逾期報廢處理成本」等，都是傳統會計科目困擾企業的實務情況。

創新 2 分析每個生產環節是超用或剩餘產能

AVM提供了一個獨特的方式，可分析每個生產環節是否超出或尚有剩餘的產能和成本。例如，在甲工廠中，沖壓機是主要的生產設

圖3-2：AVM模組的五大創新

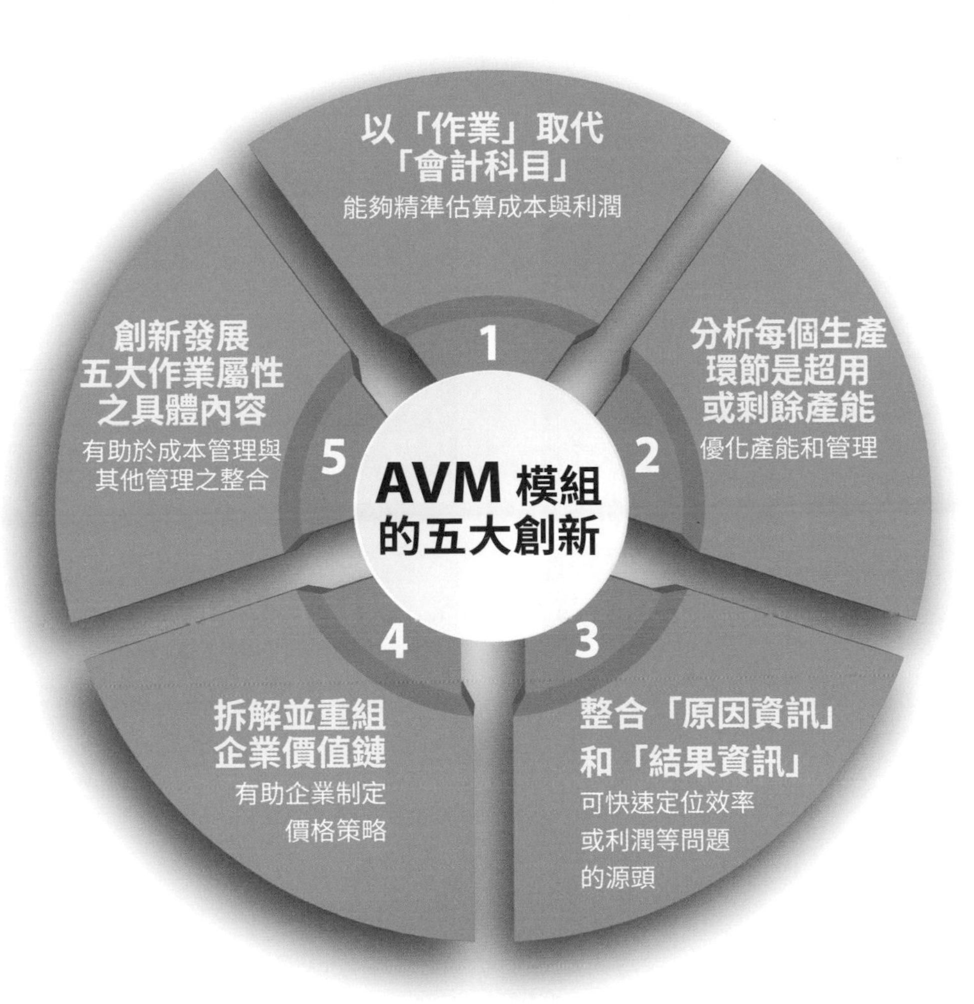

圖3-3：傳統成本制度與AVM制度的差異

傳統成本制度	AVM制度
以「會計科目」為細胞	以「作業」為細胞
依會計科目分攤成本，產出產品與顧客的成本資訊	透過作業細胞，累積、歸屬產品與顧客所使用的作業成本，解決傳統成本制度分攤不合理的現象
無法產出正確的價值標的成本及利潤資訊	考量價值標的相關的隱藏成本、資金成本、風險成本，能夠提供精確的成本和利潤資訊

備，雖然每台機器和操作人員都被預設有一定的標準產能，但在實際操作中，這些產能經常會有變動，而要精確了解這些變動所造成的影響，就有賴於AVM提供的資訊。

更具體地說，AVM的模組二「作業中心模組」，可以準確記錄每部機台的預期產能，模組三「作業模組」，則能夠捕捉到每台機器在實際生產中的產能和相關成本，只要對比這兩個模組的數據，工廠管理者就能夠清楚識別哪些機台的產能超過預期，或是哪些機台還有剩餘的生產能力。這樣的資訊，對於產能的優化和管理至關重要。

創新 3 整合「原因資訊」與「結果資訊」

企業營運資訊經常被分類為「原因資訊」和「結果資訊」，像是一間工廠每天的產能、工作時間、產品品質等，都代表這家企業的「原因資訊」；而工廠生產出的商品，所賺取的利潤、帶來的價值等，就是「結果資訊」。但在過去，這兩者往往是兩套獨立運作的系統，難以看出兩者的直接關聯。

舉例來說，一家家具製造公司，每天工作10小時，生產100張椅子，這是「原因資訊」，而該公司從這一百張椅子賺取的總收入，則屬於「結果資訊」。但若該公司想知道工作一小時能帶來多少利潤，或生產一張椅子的具體成本是多少，過去的資訊系統難以給出精確答案。

AVM改變了這個困局。

當生產流程拆分為單項的作業，就可以把「原因資訊」與「結果資訊」連接在一起，形成完整的資訊網絡，於是家具製造公司不僅可以知道每天生產的椅子數量和所賺取的總收入，還能夠精確計算每小時的工作所創造的價值或每張椅子的成本及利潤。

這樣的整合不僅提高了資訊的透明度，更重要的是，當企業面臨效率或利潤問題時，AVM能夠幫助它們快速定位問題的源頭。畢竟，投入與產出之間存在密不可分的關係，透過AVM的指引，企業就可以更精確地知道哪個環節出了問題，從而做出相應的調整。

創新 4 拆解並重組企業價值鏈

成本估算，是困擾企業的一大問題，即使相同產業對成本的估算都可能不同，遑論屬性差異極大的行業。

例如，A和B兩家製鞋公司，雖然領域近似，但它們對於生產一雙鞋的成本估算可能有所不同。A公司可能更注重材料的品質，選擇較高價的原材料；而B公司則可能更看重生產效率，投資於自動化生產線。因此，同樣製造一雙鞋，兩家公司的成本結構和估算結果都會有所差異。

若比較屬性差異極大的行業，這種成本估算差異就更加明顯。

以飛機製造業和手機製造業為例，兩者在材料、技術、研發、生產流程等方面，都存在巨大差異。

譬如，飛機製造的成本估算，必須考慮到長時間的研發期、高昂的材料成本，以及複雜的組裝工藝；而手機製造，則需要考慮到晶片、螢幕、電池等多種零件的採購和組裝成本。這些因素，使得兩個行業在成本估算上存在著天壤之別。

然而，在AVM當中，將成本重新拆解為材料成本、產品成本、顧客服務成本、其他分攤成本（來自於行政或支援部門），再綜合歸納為整體價值鏈成本，因此能夠得到最精確的成本估算。

其中，「產品成本」涵蓋從材料、研發、設計、製造到後期的產品管理成本，每一步都與產品的價值緊密相關；「顧客服務成本」則融合了從開發顧客、進行交易、提供售後服務到長期的顧客關係維護等各個面向的費用。

換言之，當顧客選擇購買企業的產品和服務時，他們所支付的「顧客成本」其實是「產品成本」和「顧客服務成本」的總和，而若是將「顧客成本」加入「其他分攤成本」，就形成了企業的「整體價值鏈成本」，這對於企業在制定價格策略時，具有極重要的參考價值。

創新 5 創新發展五大作業屬性之具體內容

AVM還有一項獨特的創新，就是透過「作業」這個細胞，發展出五項極具特色的「作業屬性」——品質、產能、附加價值、顧客服務，以及ESG，而透過分析這五大屬性之所以發生的「原因別」，就能夠了解各個「作業」成本與屬性結合的情況（圖3-4）。

其中，品質屬性，係「品質規劃及控制觀點」，能夠了解預防作業、鑑定作業、內部失敗作業及外部失敗作業的情況；產能屬性，是「資源使用觀點」，可了解有生產力作業、間接生產力作業、無生產力作業及閒置產能作業的情況；附加價值屬性，為「顧客價值觀點」，可了解附加價值作業、無附加價值作業及必要性作業的情況；顧客服務屬性，是「顧客服務觀點」，可了解開發顧客作業、顧客交易作業、售後服務作業及維繫顧客作業的情況；至於ESG屬性，則是「ESG管理觀點」，可了解環境相關（E）作業或專案、社會（S）相關作業或專案，以及治理（G）相關作業或專案的情況。當成本與這些管理觀點結合一體，就極易產生整合性管理綜效。

七大亮點精進管理決策

有了四大模組的五大創新，AVM真正帶來的效益，是打通了管理決策任督二脈的七大亮點（圖3-5）：

亮點 1 產生「產品研發決策」的依據

台灣企業在面對產品創新時，有時可能顯得較為保守或猶豫，大多是因為擔心投入大量資金進行研發，最終卻無法得到預期的回報。

這種風險意識，往往使得許多公司選擇守舊；此外，市場的快速變化和激烈競爭，也使得企業在策略部署上更偏向於短期回報，而非長期投資。

圖 3-4：AVM 五大作業屬性及其原因別

資源模組 → 作業中心模組 → 作業模組：整體價值鏈 → 價值標的模組

作業屬性及其原因別資訊

1 品質屬性
品質規劃及控制觀點

1. 預防作業——規劃
2. 鑑定作業——控制
3. 內部失敗作業——控制
4. 外部失敗作業——控制

2 產能屬性
資源使用觀點

1. 有生產力作業
2. 間接生產力作業
3. 無生產力作業
4. 閒置產能作業

3 附加價值屬性
顧客價值觀點

1. 附加價值作業
2. 無附加價值作業
3. 必要性作業，如：符合政府規定

4 顧客服務屬性
顧客服務觀點

1. 開發顧客作業——新顧客
2. 顧客交易作業——新、舊顧客
3. 售後服務作業——新、舊顧客
4. 維繫顧客作業——舊顧客

5 ESG 屬性
ESG 管理觀點

1.E（環境保護）相關作業或專案
2.S（社會服務）相關作業或專案
3.G（公司治理）相關作業或專案

但是，透過AVM的計算，可以讓企業在投入創新之初，就得到準確的未來成本及效益評估，企業領導人可以很容易據此決定是否要投入創新研發，以及相關的成本或人力配置，破除企業不敢從事產品創新的擔憂。

亮點 2 提供「客戶決策」的依據

企業往往將占據巨大訂單比例的客戶視為最珍貴的資產，因為在直覺判斷上，規模龐大的客戶必然對應著業績飆升。

真的是這樣嗎？實際情況可能並非如此。

舉例來說，大客戶可能會壓低產品售價，甚至提出特別的要求，而企業為了維繫與大客戶的合作關係，常被迫退讓，導致利潤減少。

企業常陷入此一迷思而不自覺，但AVM可以找出所有投入服務大客戶的隱藏成本，呈現出每一個客戶對應的利潤率，讓企業主了解，大客戶不見得是好客戶，反而有些中小型客戶，雖然訂單金額不大，利潤率卻好得多。

亮點 3 與現有管理系統相容，並透過雲端連結上線使用

當企業考慮導入新系統時，最擔心的，就是新、舊系統之間的相容性。

兩套系統若不協調，可能導致資料傳輸阻滯或格式錯誤，例如：

圖3-5：AVM七大亮點

1. 產生「產品研發決策」的依據
   破除企業不敢從事產品創新的擔憂
2. 提供「客戶決策」的依據
   破除「大客戶就是好客戶」的迷思
3. 與現有管理系統相容，並透過雲端連結上線使用
   企業毋須煩惱新、舊系統整合困難
4. 多元整合
   有助溝通企業營運管理、上下階層及不同領域間的決策，以及企業發展的藍圖、願景
5. 建構制度化模式
   讓企業按班順利完成
6. 區分可控制或不可控制成本類型
   讓各部門「資源分配決策」有所依循
7. 可精算各部門及員工的收入、成本和利潤資訊
   做為績效評估和獎酬依據

新系統可能無法支援舊系統中的某些文件格式或數據結構，或者新系統引進了一些舊系統未曾使用的新功能和工具，對員工造成混淆。

但AVM可以直接和企業常用的管理系統連結，包括：企業資源規劃（ERP）、製造執行系統（Manufacturing Execution System, MES）、顧客關係管理（Customer Relationship Management, CRM）、企業流程再造（Business Process Re-engineering, BPR）、全面品質管理（Total Quality Management, TQM）、產品發展管理（Product Development Management, PDM）、專案管理等，企業不用打掉重練，可以直接對接AVM，迅速產出決策依據。

亮點 4 多元整合

企業進行決策時，經常會遇到橫向及縱向的整合困難。

橫向整合困難主要發生在不同部門之間，每一部門都有其專業知識、目標和工作範疇，例如：行銷部可能專注於品牌推廣，財務部則著重於預算和投資回報，當這些部門需要共同參與一項決策時，他們的目標和方法便可能產生衝突，造成協同作業困難。

縱向整合則涉及企業的上、下層級，從基層員工到中層管理，再到高層領導，每一階層都有其視角和考量。譬如，高層領導可能著眼於長遠的策略和整體布局，基層員工則比較關心日常的執行和操作。

因此，常見到一種情況——決策從上而下推動時，基層員工不明白公司的策略和布局，覺得管理階層無的放矢；反之，高層也不清楚執行面可能碰到的困難，訂出的目標難以達成。這樣一來，雙方便可能因為不同的理解和期望，造成溝通障礙。

而AVM整合企業營運管理、上下階層及不同領域間的決策，以及企業發展的藍圖願景，從分析企業的整體價值鏈成本出發，也就是在企業內部，所有人都用相同的語言和相同的目標來溝通，一方面資訊能夠流暢地在整個組織中傳遞，二方面也能確保每個階層和領域的決策者，都能夠基於最新和最完整的資料做出決策。

亮點 5 建構制度化模式

許多傳統的家族企業，創業家往往憑著對事業的熱情和對市場的敏銳直覺，成功打下事業根基。他們的管理方式，雖然帶有一些個人色彩和土法煉鋼的策略，但也正因為這種務實的作風，讓企業能在困難中茁壯成長。

然而，當這些創業家嘗試轉交給第二代時，問題便浮現了：許多二代繼承者對於如何延續家族事業感到困惑，主要是缺乏一套制度化的管理系統。

發生這種情況，往往是因為之前的管理多半仰賴創業者的個人經驗或想法，但那些想法有些已經不合時宜或遇到瓶頸。

再者，二代的生長和教育環境與創業者不同，對於事業發展也可能有自己的主張，容易因為意見不合而產生衝突，例如：一代覺得二代沒經驗又不受教，二代則覺得一代既古板又難溝通，讓接班傳承難以為繼。

此時，AVM提供了一個橋梁，幫助一代和二代之間對話，並協助企業逐步建構一套法制化的管理基礎，使兩代之間的觀念逐步整合、形成共識。當共識確立後，接班不再只是一個概念或儀式，而是真正繼續家族事業的共同使命。

亮點 6 區分可控制或不可控制成本類型

企業進行成本計算和分配時，常面臨到可控制和不可控制的資源分配難題。

所謂的「可控制成本」，指的是能夠被某一特定部門或作業完全控制、管理和使用的資源，例如：某一生產線的專用機器或某一專案組的專屬工作空間，這些資源的使用狀況清晰、範圍明確，在成本計算和分配上較為容易。

「不可控制成本」則可能涉及多個部門之間的共用或支援，例如：企業的IT部門或行政部門提供給全公司的服務及後勤支援等，這些費用在計算時需要分攤到各個使用部門，經常不易區分，容易導致內部的衝突。AVM也針對這個問題，提出了二項解方：

第一，是使用者耗用資源原則，依據資源的使用量來歸屬其成本。這個概念類似使用者付費，例如：一棟大樓由多個作業中心使用時，大樓的房租費用可以房屋坪數做為計算基準，再依據各作業中心實際使用的坪數比率，計算各作業中心的房租費用。

第二，是在某些情境下，不易找到合理的使用者付費動因，此時企業需要採用第二種策略，將可以直接歸屬到特定部門或作業中心的成本，做為其績效評估的標準。

此外，對於那些無法確定如何分配或計算的轉分攤成本，例如：某些行政或支援部門轉分攤給直接部門的成本，則不會被納入任何特定部門的績效評估，而是被視為整體企業的開銷，並做為產品訂價或預算制定時的依據。

亮點 7 可精算各部門及員工的收入、成本和利潤資訊

績效和獎酬制度是所有企業都必須建立的標準，也是激勵員工、

吳老師小教室

AVM將生產流程拆分為單項的作業，把「原因資訊」與「結果資訊」連接在一起，當企業面臨效率或利潤問題時，就能快速定位問題的源頭。

促進企業成長的重要工具，但也是最困擾企業管理者的一項課題。

首先，要設計一套放諸四海皆準的績效制度十分困難，銷售人員的表現可以看他的業績，但研發部門的績效，卻可能需要評估創新的數量和品質。

其次，偏見和主觀性，也是一大挑戰。管理者可能會基於個人喜好、誤解或是先入為主的觀念來評估員工，導致不公正的評價。這些都會同時困擾管理者和被管理者，也不容易達到原先設定績效和獎酬制度的目標。

然而，透過AVM，將每一項作業，甚至是每一位員工的收入、成本和利潤資訊，清晰揭露後，決策者便能夠更加明確地洞察，哪些部門或哪些員工貢獻更多的價值，確保員工的付出與得到的報酬之間達到公正的平衡。

不僅如此，當員工知道自己的工作表現可以被精確地評估，他們也更有可能對工作產生正向的動機，進而提高工作效率。

幫企業賺到管理財

AVM不僅是一套管理工具，更是一個能夠推動企業文化、促進公平和激勵員工向前邁進的重要力量。

整體來說，AVM以管理細胞——作業，做為基礎媒介，可將收入、成本、利潤、時間、品質、產能等企業最重視的資訊整合，不僅可正確計算出產品、客戶、通路及員工等「價值標的」的短期「成本及利潤」資訊，還能掌握長期的「價值」資訊，之後便可以提供不同管理階層正確、即時且具體的決策資訊，協助企業真正賺到教科書上所說的「管理財」。

吳安妮所提出的AVM，其理論基礎是源自於平衡計分卡和作業基礎成本管理（ABCM），之所以能夠為企業解決過往難以處理的諸多困擾，關鍵在於她自取得博士學位回國，就不斷積極與企業接觸，念茲在茲的就是：「我要如何利用理論，為企業做出一套可以實際解決問題的工具？」

AVM發展至今的四大模組，以及內容的創新和亮點，都是企業不斷提出問題給吳安妮，她一一努力「解題」之後的成果，也才逐步讓AVM成為一項具體落地的實用工具，包含台積電、中國信託商業銀行，都因此獲益匪淺。

案例 1 台積電

1998年，當時因為景氣衰退等因素，台積電第二季的訂單明顯縮水，產能利用率下滑至75%，第二季的淨利衰退率高達46%。面對這種壓力，在時任董事長張忠謀的一聲令下，台積電全面展開「節流」運動，而負責執行的最高主管，則是當時的資深副總兼財務長張孝威（詳見本書第二部台積電案例）。

吳安妮回憶，當時張孝威的首要之務，是要找出機台的生產成本，並將產能利用率最大化，但讓他苦惱的是，開會時每個部門所講的產能數字都不一致，「我告訴他，這很正常，同樣是產能，從會計、工業工程到廠長，甚至業務端，大家的表述方式一定都不同。」

當時，還沒有形成如今被稱為AVM制度的完整架構，但吳安妮想到，ABCM應該可以幫忙台積電解決問題，因為他們需要一個讓大家能夠產生共同語言的制度，這也是ABCM的精髓，用單項的「作業」來串聯不同部門的人，讓大家知道每個機台每天創造了多少收入，以及創造收入所花的成本及產能，解決各說各話的問題。

然而，台積電若要導入ABCM，可能要兩、三年才能看到成效，對眼前的迫切需求緩不濟急。這讓吳安妮意識到，企業需要一套與ERP、TQM、MES和CRM管理制度結合的工具，才能有效整合並產生最大效益。也正是有了這段經驗，才促使吳安妮後來致力於ABCM的落地，造就了AVM的問世，並且持續優化，幫助企業解決經營難題。中信銀，便是另一個例子。

案例 2 中信銀

中信銀在導入AVM的初期，碰到一個問題，就是如何計算當時董事長辜濂松搭乘私人飛機出國，進行經貿外交的成本及效益。

「老師，為什麼要攤那麼多？為什麼是攤給我們部門？」以往沒有類似經驗的中信銀同仁，向吳安妮提出疑問。

她告訴同仁：「公司領導人出國做國民外交，媒體大幅報導，品牌價值明顯提升，當然要計算成本及效益。」

同仁接著追問：「那應該如何計算？」

「所以，怎麼計算就變成我的責任，」吳安妮笑著說。

她深知，要說服這群菁英份子，一定要提出一個合乎邏輯的解法。回到學校苦思許久，她找出了破解之道：「他們抗拒是因為私人飛機費用不是他們產生的，攤到他們頭上會影響績效，所以我把它拆開，不影響部門內及個人績效，就不會反彈了。」

吳安妮解釋，這種成本不可能視而不見，但是必須用更合理的方式分攤，也就是把成本拆分為「可控制」和「不可控制」二個部分，不可控制的成本就不列入績效評估，而是做為公司產品訂價的參考，AVM七大亮點當中的第六項就是因此而來。

改造中小企業管理模式

從1991年起心動念，要將ABCM理論形成一套具體可行的制度，吳安妮非常感謝所有願意相信她的企業，在AVM發展過程中提出各種企業實際運作時碰到的困難，讓她可以用理論基礎提供解答，讓AVM不斷強化、升級。

「不管企業或學生提出任何問題，我都一定會找出解答，」吳安妮認真地說，她的心願就是要協助台灣企業轉型升級，尤其是中小企業過去土法煉鋼的管理模式，每天沒日沒夜在拚，卻永遠不知道到底有沒有賺錢，虧錢又虧在哪裡。

經過不斷努力，堅信「理論為王」的她，用ABCM做為原料，結合企業的實務需求，終於打造出AVM這個企業策略的終極答案。

吳安妮用理論解決實務問題的做法，是因為她堅信並奉行「知行合一」，屬於「知」層面的理論創新，必須結合「行」層面的「實務運用創新」。然而，當AVM的框架趨於成熟，她察覺到另一個問題——企業的核心需求是一套IT系統，不僅要與既有管理系統相容，還要能滿足不同功能，並能夠上傳到雲端使用。

AVM的核心，在於蒐集「原因資訊」和計算「結果資訊」的數據，以便分析企業的整體價值鏈成本，從而發揮最佳效能。

問題是，很多企業雖然有心導入AVM，但除了必須先自行蒐集、整理相關數據，後續要如何解讀原因和結果的關聯性，還得靠專業團隊進行長時間的技術支援和人員訓練，這讓許多企業因此躊躇不前，尤其是對於數位化程度不高的中小企業來說，更形成了一道難以跨越的障礙。

開發IT系統

為了協助企業突破障礙，從2011年起，吳安妮開始採取自行研發或與企業及資訊廠商合作的模式，開發能夠直接連接到企業原有系統，並立即蒐集及產生數據的IT或AI（人工智慧）工具。這些工具，依「隨插即用」的原則設計，目的是希望減少企業採用AVM時的困難，也成為AVM七大亮點當中的第三點——可與企業現有管理系統相容，並透過雲端連結上線使用，企業毋須自行研發軟體，或擔心新、舊系統整合困難。

這段研發歷程，吳安妮將它劃分為四個不同階段：數位轉型期、AI發展期、智慧製造發展期，以及ESG發展期。其中，前三個階段已經發展完成，最後一個階段則正在開展。

第一階段，是數位轉型期，著重開發AVM的IT主系統。

這段歷程耗時七年，在2018年6月完成，發布了AVM雲端「教育版本」、「中小企業版本」和「大企業版本」三種不同版本的系統。

第二階段，是AI發展期，著重培育AI人才、開發AI預測系統。

此時，企業的數位轉型已大致完備，於是吳安妮成立了AVM大數據及AI團隊，培育AVM大數據分析及AI預測的高階人才，並進行AI系統的開發，針對顧客、產品、預算等企業需求殷切的命題，開發相關的AI預測系統。

第三階段，是智慧製造發展期，重點放在台灣的製造業。

硬體製造過往一直是台灣的強項，近年來雖然在軟體領域也開始取得一些進展，卻未能與管理制度融合。因此，這一階段的目標，是將硬體、軟體和管理，三者緊密結合，其中與町洋公司合作，使用町洋的i-o Grid可以即時蒐集AVM需要的資料，讓台灣的製造業可以透過即時優化管理，深入了解業務經營的問題和瓶頸，從而提高長期經營績效和價值。

這三個階段，創造出13個AVM相關IT系統供企業界使用，均採用瀏覽器做為使用介面，企業可輕鬆部署在雲端伺服器，而且具備隨時擴充及調整的彈性，不僅可支援不同事業單位，還可以因應業務項目增加，隨時自行新增分類欄位，甚至可以換算不同幣別，是兼具創新和實用的資訊系統總匯。

隨著AVM的推動，這些IT系統發展至今，已有不少企業導入，並且從中獲益，例如：

系統 I 「A+」App

「A+」App是在數位發展期誕生的IT工具，主要功能是蒐集銷售人員從事銷售作業（包括：售前、售中及售後）的時間、品質等原因資訊。這些原因資訊可結合結果資訊，將銷售人員投入的費用，像是薪資、交通、與客戶交際應酬等，均納入其中，進而計算出每位銷售人員在每位顧客售前、售中及售後的各項作為，是否合乎成本效益。

以往企業總是很難量化銷售人員在客戶身上投注的服務成本，但銷售人員花費大量心力滿足客戶需求，其實都是隱藏成本，一旦忽略，不僅會造成報價誤差、侵蝕利潤，也讓銷售人員經常超時工作。但「A+」與AVM結合後，銷售人員與提供客戶服務的相關性變得顯而易見。以下就是一個應用場景：

採用「A+」的A公司，主要業務是負責協助大賣場管理商品、訂單，流程則是先從供貨商取得商品後，再到大賣場進行陳列及補貨，但在營運上卻遇到了困擾。

譬如，供貨商最關切商品是否按時上架、是否按照合約擺在適當醒目的櫃位、標價是否正確等事宜，因此A公司的業務會將大賣場的陳列情況拍照，先回傳到A公司，再由同仁匯整後回報給供貨商。

問題是，供貨商收到資料時多已是隔月，經常抱怨無法及時掌握貨品上架狀況。不僅如此，在A公司內部也有許多問題。比方說，很多業務同仁一天要跑多家大賣場，無暇即時整理工作行程及照片，必須等到當日行程結束後再回家整理，造成員工必須超時工作，且回家整理時可能記憶也有疏漏；而內部相關主管也必須等候員工回傳相關報告及照片，讓整個流程延宕且效率低下。

但導入「A+」之後，手機就成為A公司與供貨商溝通的平台，業務同仁在賣場完成補貨、商品美化管理等工作後，可以立刻拍照上傳到後台；工作行程則採取下拉式選單，讓業務人員可以迅速將過去需要一個月才能提供給客戶的報表，即時透過這個平台傳給客戶。

吳老師小教室

AVM將成本重新拆解為材料成本、產品成本、顧客服務成本、其他分攤成本，再綜合歸納為整體價值鏈成本，因此能夠得到最精確的成本估算。

過去必須回家加班的工作，都可以當場執行完成，大幅降低員工的時間成本，也提高了員工的工作熱情及對公司的滿意度；更重要的是，系統會提醒員工，還有哪些未完成工作事項，減少相關疏漏，也提升了客戶滿意度。

系統 2 顧客價值管理

顧客價值管理（Customer Value Management, CVM），是AI發展期的AI工具，它的強項是協助企業得以找出顧客生命週期價值（Customer Lifetime Value, CLV）。

所謂顧客生命週期價值，指的是客戶與企業的業務往來期間，會購買多少產品或服務，並基於這些購買提供多少淨收益。這些資訊，可以幫助企業理解，他們應該投入多少資源來獲取和保留每一位客戶，從而確保長期獲利。

然而，要計算出正確的顧客生命週期價值，對許多中小企業來說，是相當困難的任務，結果就是經常落入「大客戶就是好客戶」的迷思，或是只能靠口耳相傳的經驗來判斷。

直到有了CVM，可藉由AVM產生的收入、成本及利潤資訊，透過AI的存活分析、分布期望值、機器深度學習等機制，預測顧客的存活時間、未來利潤等資訊，進而預測出顧客生命週期價值。

甚至，可以更進一步，制定不同的顧客管理決策，同時還能從中了解顧客未來對公司價值的影響，精準區分出高價值和低價值的顧客，為顧客量身訂做相應的服務和行銷策略。

舉例來說，一家旅行社利用CVM系統發現，有一群顧客在過去五年內，每年至少出國旅遊三次，且每次購買的都是高價位套裝行程，其顧客生命週期價值遠高於平均客戶。

掌握這樣的資訊後，旅行社就可以為這些高價值顧客提供專屬的VIP服務，像是專人諮詢、全新的高價旅遊行程開發等，不僅能確保這群顧客的忠誠度，還可能吸引更多與他們相似的高價值顧客。

反之，CVM系統也指出另一群顧客——他們雖然經常查詢旅遊資訊，購買率卻偏低，因此，就需要以另一種方式，經營這類顧客生命週期價值較為遜色的客戶群，例如：早鳥優惠或是限時特價，刺激購買意願。

這樣的策略調整，完全是基於顧客的生命週期價值資訊。所以，CVM系統不僅能幫助企業了解顧客對公司的長期價值，還能為企業在長期經營策略上提供有力的參考依據，因而獲得台灣發明專利。

系統 3 生產力決策系統

生產力決策系統（i Productivity Decision-making, iPDM），是智慧製造發展期的IT系統，可說是製造業大幅提升生產效率和問題解決能力的最佳幫手之一。

工業4.0、智慧製造，是近年來許多企業積極追求的目標，但在推動過程中，多半投注資源在硬體建設及軟體開發，忽略了與管理結合的重要；相對來說，若能整合AVM中的「原因」及「結果」資訊，就能即時產生製造過程中，每個訂單、每項作業的時間、品質、產能及成本等資訊。

在這種情況下，透過iPDM，便能將工廠現場MES產出的生產資料，經由雲端，與財務數據整合，迅速且準確地呈現出各個工單、產品、顧客、工廠的成本和利潤資訊。

例如，一家專門製造智慧手錶的公司，由於採用了iPDM系統，當他們在生產線上發現，某一批次的手錶電池壽命不如預期時，除了能夠即時檢視製造過程中的機器性能、操作人員效率，以及機器和人員之間的協作情況，還可以同時查看這一批次的成本和潛在利潤損失，讓管理者能夠在第一時間了解問題的嚴重性，迅速決定是否需要將這批次產品回收或進行修復。

更重要的是，這種即時的資訊，讓管理者不再如過去般，僅能依

吳老師小教室

不可控制成本可不列入績效評估，但能夠做為公司產品訂價的參考。

賴經驗或直覺推敲，也不需要盲目猜測可能的問題點，因為iPDM已經為他們提供了完整、即時的數據分析，讓他們能夠快速且精確地找出問題根源，並立刻採取措施糾正。

系統 4「智慧小刀」系統

「智慧小刀」系統，是因應微型企業成本控制需求的IT工具。在吳安妮擘劃的藍圖中，AVM不只要讓企業應用，攤販、麵館、雜貨店也都應該要導入。

尤其，微型企業更缺乏成本觀念，往往隨手拿本筆記本粗略記錄進貨內容、金額，以及每日或每月營業收入，就算是成本控制了，但很多時候根本不知道自己究竟是賺錢還是虧錢。

「智慧小刀」就是這個理念下的產品。它的設計一樣是以AVM的四大模組為基礎，只是攤販、麵館不太會關注標準成本，所以拿掉了四大模組中的第二項「作業中心模組」，專門針對微型企業的需求重新設計，將成本與結果資訊整合所需要的相關功能及工具合而為一，像是POS系統或是App等。

透過這個系統，微型企業不需要擔心自己是否有足夠的數位工具或能力，因為系統分析之後，便會分別顯示出「產品別利潤表」、「顧客別利潤表」及「客戶產品別利潤表」，小商店的老闆就知道自己每天起早趕晚，滴下的汗水是否值得。

曾經有一位小火鍋店老闆，面臨的問題是，他無法確定每一鍋火鍋的成本是多少，更無法單獨計算各種口味鍋物的原料成本，於是他開始疑惑：為什麼利潤不如預期？又應該如何提高利潤？

「智慧小刀」幫他解決了長期以來的困惑。

首先，小火鍋店的老闆統計了每種原物料的總成本，再計算每鍋的平均原料成本。以豬肉片為例，假設當月份的進貨成本是15,000元，他就計算每種口味的鍋物和豬肉片的使用比例，然後基於當月的銷售數量，將15,000元歸屬到各個鍋物，之後再利用「智慧小刀」進行分析。

結果，他發現，「頭好壯壯鍋」和「麻辣朝天鍋」的原料成本特別高，售價卻與其他品項接近，導致毛利率偏低，且這二種鍋物需要較長的烹煮時間，代表消耗更多能源，尤其當顧客要求外帶，因為必須完全煮熟，不能等到餐點上桌再慢慢煮，消耗的瓦斯成本更高。

找到原因之後，小火鍋店的老闆終於知道，為何自家店鋪的利潤率難以提升，進而可以著手調整產品類型、售價等工作。

然而，在過去，這類小型商家完全無從得知相關資訊，也找不到任何現有系統支援，直到有了「智慧小刀」，微型企業也可以在AVM架構下發現問題，找到成長的契機。

AVM的ESG創新應用

AVM發展共分為四大階段，目前最新且仍在發展中的第四階段，是ESG發展期，也是AVM更上一層樓的創新應用。

在ESG層面的做法，如同〔圖3-6〕所示，同樣是以企業的「作業」為核心，計算每一項企業活動的成本，但是在效益層面則有所調整，改為與環境、社會及公司治理相關的評估，最後再總合為企業投入ESG的總價值。

AVM的最大功能，就是找出「原因資訊」及「結果資訊」的關聯性，以及許多過去在財務報表中無法具體呈現或歸因的內容，現在應用AVM的強大功能，就能夠把以往算不出、找不到的碳排放全部撈出來，未來企業要處理「碳排放」、「碳盤查」、「碳稅」、「碳中和」，以至於推動「淨零轉型」，就能夠像計算成本一樣，有精確而具體的數據資料。同時，因為掌握了原因和結果，就知道減碳要從哪裡減、怎麼減。

舉例來說，有一家名為「綠源科技」的企業，專門生產太陽能板，希望增加對ESG的投入和貢獻，那麼，透過AVM分析ESG投資的成本效益，將可看到以下成果：

一、**作業核心：**綠源科技分析自家太陽能板的製造過程，從原材料取得、生產過程到最終的銷售和回收，都是公司原本的作業項目。

二、**成本計算：**利用AVM，綠源科技計算了每項作業的具體成本，例如：原材料的價格，以及製造過程中消耗的能源成本、運輸和銷售成本等。

三、**效益評估：**此時，效益的評估不再只是從財務角度來看，而是從ESG的角度。例如，評估製造過程中減少的碳排放量、生產過程中的員工福利和工作環境，以及像是創造就業機會、支持當地經濟發展等對社區的正面影響。

四、ESG總價值分析：綠源科技利用AVM將成本和效益做綜合比較，得出對ESG的整體投入價值。譬如，他們發現，雖然在某些環節的成本增加了，如：增加更多的太陽能板回收點，但由於減少了大量的碳排放，對環境產生了正面效益，所以整體而言這些投入是具有價值的。

五、原因與結果的連接：通過AVM的功能，綠源科技可以看到過去在傳統財務報表中無法看到的連接，例如，他們可以清楚看到，增加某一環節的投資，如：在生產線上增加更環保的設備，可以如何直接導致碳排放的減少和員工滿意度的提高。

六、推動淨零轉型：企業未來必須透過「碳盤查」、「碳中和」等作為，推動淨零轉型，因此首先要做到完整的資訊蒐集，之後再找出哪些地方可以減少排放，以及如何減少。這些，都可以透過AVM的協助，找到原因和結果的關聯性，以採取最佳對策。

這也意味著，AVM可以協助企業解決「漂綠」的質疑；更進一步，依據行政院環境保護署《溫室氣體盤查及登錄管理原則》說明，溫室氣體依其排放來源，可分為直接排放、能源間接排放、其他間接排放三大範疇，也可透過AVM，解決相關計算課題。

釐清問題源頭

從七歲開始，當其他孩子還無憂無慮地在雜貨店買糖吃，玩著跳

圖3-6：從AVM看見ESG投資的成本差異

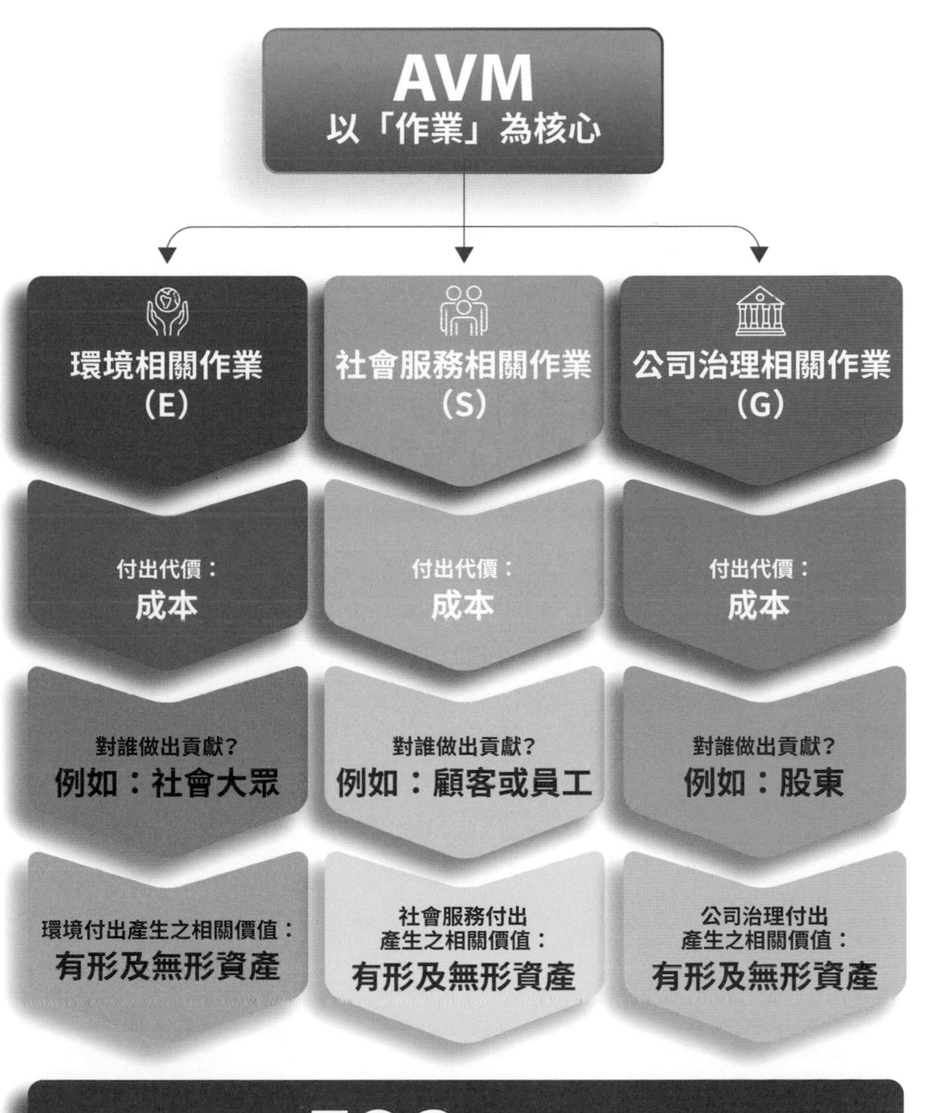

房子、尪仔標的時候，幼年的吳安妮就關心梅子果園的主人有沒有賺錢；自己家境貧困，求學之路也不順遂，卻念茲在茲地想要為許多勤奮打拚的小工廠找到不賺錢的原因。

隨著年紀漸長，她更關心的是，許多中小企業意識到公司績效存在問題，卻往往無法確定具體的問題所在，更不用說找到解決方法。根本原因在於，這些企業缺乏一套適切的管理制度來解決這些問題——即使大多數中小企業都有標準的財務報表，卻缺乏結合原因和結果的管理報告，使得他們難以從經營結果中追蹤到問題的源頭。

因此，吳安妮一路走來，就不斷在為這件事尋求一套整合的解決方案。這套方案，不僅應該幫助企業確定執行策略，還應該能夠提升企業的績效和競爭力。直到她發現了平衡計分卡和ABCM，才為她的研究點燃了升空的動能。

三十多年前，當她終於完成赴美取得博士學位的心願後，便發下宏願，要創造一個國際認可的管理會計制度，並且開始一步一腳印地走上這條築夢踏實之路。她創造出來的AVM，將企業的「作業」活動視為基本單位，就像人體的「細胞」，從而能夠更精確地整合原因與結果資訊。

打造完整解決方案

AVM的最大價值，在於它能夠整合財務及非財務報表中的資訊，將費用的科目與各部門的價值鏈整合，從而產生更具價值的管理資訊。

尤其重要的是，強調「知行合一」的吳安妮，四處尋找資源，讓AVM從管理會計的教科書，演化為「隨插即用」的一套套IT系統。經歷四個階段的演化，目前已產出14套相關系統，未來她的目標是要打造出20套系統，形成完整的「AVM全方位解決方案」。

從台積電到小火鍋店，三十多年來，已經有無數企業透過吳安妮的AVM，找到做對決策的客觀依據。

放眼世界，AVM更是對全球的管理會計都產生了不凡的意義，因為它讓1986年由柯普朗和庫柏提出的ABC制度，跳出了理論的框架，變成一個可以實際導入企業的工具。這也是吳安妮近年來連續獲頒多座國際大獎最主要的原因，她的努力，被全世界都看到、認可及接受。

採訪整理／張彥文

IT角度

華致資訊
用對工具，心血才能變獲利

傳統的財務報表，只能讓企業知道經營結果，卻無法就此對症下藥。

透過 AVM，則可整合具因果關聯的資訊，做為管理決策依據。而如何透過合適的工具蒐集資訊，兼顧正確性與成本、效益，軟體開發商將扮演重要角色。

由政大會計系講座教授吳安妮開創的作業價值管理（AVM），是一套深獲企業肯定的系統，但要導入這套系統，需要專業的套裝軟體，能夠輸入資料、進行數據分析、協助企業決策。在這個過程中，軟體開發商的角色非常重要。

「要讓AVM從理論轉化為可執行、易操作的實用工具，需要一套資訊系統或平台架構，讓中小企業可以用最少的資源、人力、時間，快速得到所需資訊，」華泰電子資深副總經理王金秋說。

不過，緊接著他補充提到：「AVM雖然是驅動企業績效與競爭力的一帖良方，但要達成相關成效，需要花費大量時間進行資料蒐集及整理，從中找出AVM所需要的洞見，做為決策的依據……」

王金秋，正是吳安妮推廣AVM過程中的關鍵助手。

串聯資源與價值

說起王金秋和AVM的淵源，要從華泰電子與華致資訊說起。華致資訊原本是華泰電子的資訊部門，於2003年分拆出來，成為獨立公司，由原本是華泰資訊長的王金秋擔任華致總經理，而他後來也成為協助吳安妮開發AVM軟體系統的計畫主持人，對於國內中小企業導入AVM的過程與辛苦，深有所感。

如今華致資訊開發的AVM雲端軟體系統，包含了學校使用的教育版本、大型企業導入的版本，以及供中小企業使用的輕量化版本「智慧小刀」，即使是小麵館、小餐廳、小農，甚至是一人公司，如：計程車司機，這類微型企業，都可以透過AVM精進管理流程，找到「資源」與「價值」間的關聯，讓小企業主投注的每一分血汗心力，都可以轉化為獲利。

至於導入華致系統的中小企業，如：町洋集團，便是藉由這套軟體解決了採用AVM的一大障礙（詳見本書第二部町洋案例）。

町洋總經理陳男銘指出，AVM需要大量的資料計算，公司一開始嘗試用Excel來處理，但是評估後發現如果自己土法煉鋼，至少需要增加六、七個專責人力，且每個月資料蒐集完，還需要再花一個月的時間計算，等於要多等一個月才能看到當月的報表，效益不佳。

為了尋求解方，町洋進行了無數次內、外部會議。町洋AVM辦

吳老師小教室

AVM整合企業營運管理、上下階層及不同領域間的決策，以及企業發展的藍圖願景，從分析企業的整體價值鏈成本出發，也就是在企業內部，所有人都用相同的語言和相同的目標來溝通。

公室經理吳嘉席補充，若要從各項生產和營運數據中找出決策依據，需要工廠日常的管理數據，但是這些數據跟AVM並不相容，直到華致開發出相關的雲端軟體系統，可將所有數據轉換為AVM需要的格式並迅速計算出成果，當月生產結束即可立刻生成報表。

這讓各部門之間有了共通的語言，大家都慢慢學會透過這套系統跟AVM溝通，成為協助績效提升的利器，「我們現在只要data（數據）梳理完，拋進系統，出來就能得到正確資料，後續要debug（除錯）也非常容易，因為所有人的邏輯都一樣，」陳男銘說。

不過，這樣的成果，並非憑空出現。

程式開發不易

「華致耗費了五年時間，歷經兩次改版，直到第三版，才終於創造出一個兼具方便性與實用性的工具，」王金秋回憶，第一次認識吳安妮是在2014年，當時華泰電子邀請吳安妮參與公司的策略規劃會議，「我們第一次接觸到當時還被稱為『ABC』的作業成本制度。」

認識吳安妮後，王金秋非常佩服她，因為他聽過作業成本制度多年，但一直停留在理論階段；直到認識吳安妮，才發現她不僅把這套理論詮釋得非常透徹，還創造出一套導入的步驟跟方法，只要有工具能讓企業順利導入AVM，就能協助企業提高獲利，找出公司不賺錢或虛耗成本的原因，賺到管理財。

然而，這個協助企業導入AVM的工具，也正是AVM面臨的一大挑戰。

華致的主要業務是協助企業導入思愛普（SAP）的企業資源規劃（ERP）系統，但「即使是SAP這樣國際級的軟體公司，也無法創造一套可計算作業成本的系統，因為資料蒐集是很可怕的過程，但老師（吳安妮）認為一定可以做得到，我覺得她真的很勇敢，」王金秋佩服地說。

一方面是受到吳安妮誠摯的精神感動，覺得若是能創造出這樣一套資訊系統，將對台灣以中小企業為主的經濟帶來莫大的價值增長；二方面則因為當時有興趣導入AVM的企業，都還是採用土法煉鋼的方式，用Excel來處理資料，離系統化、自動化還差一大截，因此，王金秋認為，「若是能推出一個套裝軟體產品，將會是一門好生意。」

不過，等到真正投入，才發現，事情沒有想像中簡單。

挑戰不可能的任務

「光是要讓資訊工程人員了解財務概念，就是一大工程，」王金秋直言，幸虧華致在協助企業導入SAP系統的過程中，訓練了一批懂資訊的會計師，他們可以擔任溝通的橋梁，把AVM的內容先寫成資訊人看得懂的「白話文」，再進一步把AVM「程式化」。

沒想到，費了九牛二虎之力做出來的第一版軟體，卻慘遭滑鐵盧。「本以為會如阿拉丁神燈一般，許個心願就可以得到成果，沒想到系統完全無法產出所需要的資訊，」王金秋苦笑。

「因為我們不夠了解AVM的精神，只是照著規格操作，把它當成一般的應用系統開發，」王金秋指出第一版失敗的主要原因：「把會計語言和資訊語言整合是正確的方向，但開發者和設計者之間的溝通不足。」也就是說，第一版只是把原本的Excel轉化成另一種報表形式，裡面的轉換邏輯卻似是而非。

王金秋指出，會計成本的分攤非常複雜，原始資料必須經過重新運算和轉換，才能夠正確歸屬到不同的價值標的，但在傳統會計中，很多費用都只是一筆帳，如今要轉化成AVM的運用概念，就必須拆分到各個產品、成本中心，甚至是不同的空間或人力，這些問題在第一版設計時，都沒能充分溝通。

確認問題之後，華致記取失敗的經驗，又迅速投入2.0版的研發。可惜，2.0版還是未竟全功。

求取成本與效益的平衡點

「問題點在於：企業的成本到底要算到多細？」王金秋說。

依照吳安妮的想法，要落實AVM就必須找出所有實際發生的成本，所以幾乎每分每秒都要記錄，但實際執行不易，不論是要在工廠裡計算出每一項產品、每一個流程各自花了幾時、幾分、幾秒，或是要求公司內部自董事長至總機小姐把整天的工作細化到每分每秒，都是「不可能的任務」。

王金秋認為，AVM的軟體設計，應該要考量「成本」與「效益」

問題，所以，企業為了蒐集資料所投入的成本若是大於產出的效益，就應該回到實務面，找出最佳平衡點。更何況，若要精細到每分每秒的產出，實務面本就窒礙難行，且效益不彰。

「會計學者跟我們資訊工程師的思考有一些差距，我們一直在爭論：應該要做到100%的正確性？還是只要能夠找出做決策的正確性就好？」王金秋說，在開發第二版程式時，公司跟吳安妮在這個部分一直難以達成共識。

最後，雙方各退一步，將實際成本與標準成本混合運用，以求取成本與效益之間的平衡點。

新的做法，就是部分可以取得的成本，便用實際的資料計算，至於其他難以細化或蒐集的成本，則採用工業工程當中的標準成本來推估即可。

有了共識之後，華致的團隊著手研發3.0版本，雙方也有更密切的溝通，吳安妮每週都會自政大南下到華致資訊所在的高雄楠梓工業區，與王金秋跟他的同仁花一整天時間，討論軟體內容和相關進度。甚至，「有時突然想到什麼，雙方也會立刻電話聯繫，」王金秋對於吳安妮投入的深度和緊迫盯人的精神印象深刻：「有幾次，老師晚上十點打電話給我，一路討論到十二點。」

就這樣來來回回從錯誤中學習經驗，耗費了五年時間，且花費兩年時間測試，前後共經歷七年問世，終於成功產出一套軟體系統。

現在，企業要導入AVM的時候，不需要製作一堆龐雜繁複的Excel，也不用去設計各種計算公式，因為全部的公式都已經設定到

圖4-1：華致觀點：成功導入AVM必備的四大條件

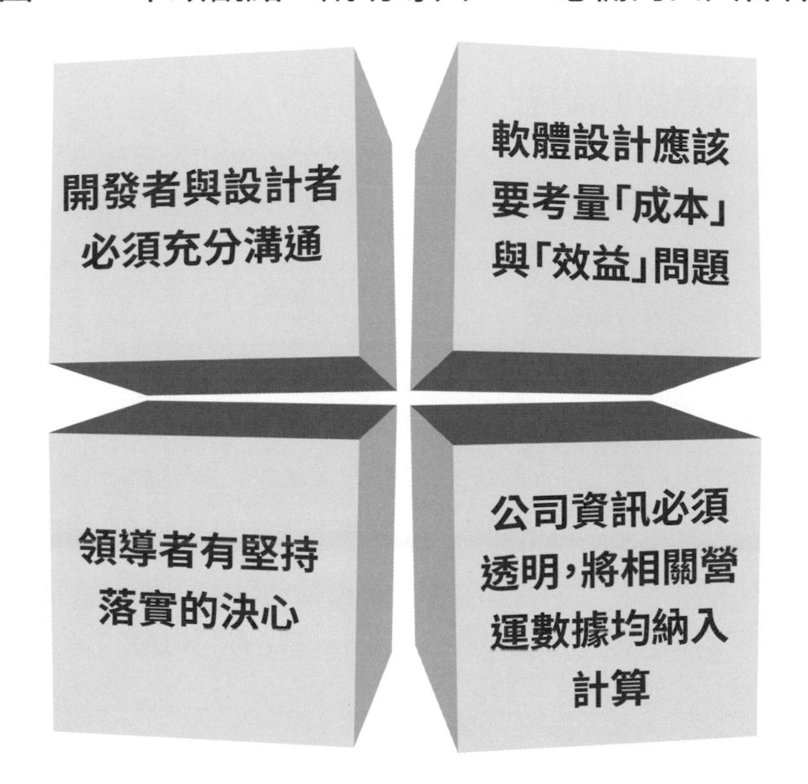

系統當中，大幅節約了企業需要投入的資源，也可以很快產出決策所需要的寶貴資訊。

除此之外，由華致設計出來的這套AVM 3.0系統，也成為商管學院的教學利器。學生在學習AVM的實務操作時，不用花很多時間進行複雜的計算，只要利用這套系統，輸入相關資訊，就可以很快得到結果。

找出瓶頸設備與流程

雖然有這麼一個協助企業推動AVM的利器，但「軟體只能扮演輔助功能，領導者的決心、公司數位化的程度，更是AVM能否順利產出決策資訊的必備條件，」王金秋說（圖4-1）。

AVM的導入是一項極其複雜的工程，需要由上而下貫徹執行，若是高階領導者沒有充分的決心，很容易產生資訊蒐集的盲點和缺失，而若無法取得正確資料，AVM的強大功能也無從發揮。

就以町洋來說，當初便是因為董事長吳上財堅持，一定要全面導入AVM，把所有與公司營運有關的數據，包括：研發、設計、製造、銷售、後勤等層面，全部納入計算，讓AVM發揮最大效能；然

吳老師小教室

AVM不只要讓企業應用，攤販、麵館、雜貨店也都應該要導入。

而，也正因如此，數據的蒐集和計算變得更為困難和複雜，需要華致的軟體系統做為所有功能的橋梁，以省去許多重新整理的人力和時間，「月報表可以即時產出，不用等到下個月」，就是最好的例證之一。

「企業內部若是已有ERP、製造執行系統（MES）等建構的完整資訊，將可較快速與華致的軟體結合、發揮功效，」王金秋指出，若是內部資料不完整，或是有資料散落、格式混亂等問題，就比較棘手，必須先投入大量資源，推動企業內部基礎的資料蒐集及整理，「也就是公司要先完善資料『定義』，再餵進我們這套系統，由系統來協助計算及歸屬。」

不僅如此，很多企業難以分辨客戶或產品對公司獲利的貢獻，部分營業額很大的客戶，可能耗用極多資源，最後計算下來利潤微薄；反之，有些客戶雖然業績占比不高，獲利率卻好得多。而解答諸如此類的問題，正是AVM系統對企業最大的貢獻之一，也就是可以協助企業迅速找出顧客貢獻度和產品貢獻度，做為重要的決策依據。

最重要的是，當企業能夠運用這套軟體整理及產生資訊，做為決策參考依據，就可以根據不同需求創造更大的價值。舉例來說，企業可以用來產生管理報表、進行人員管理，或是針對過往難以找出問題的瓶頸設備、瓶頸流程，進行個別精算，發揮更大的資訊力和決策力。

採訪整理／張彥文

IT角度

威納科技
是預測工具，更是生財工具

AVM不僅有助提高工作效率，也有助改造公司文化。
未來，甚至可以結合AI，
從管理工具變身為預測工具，
為企業創造更多價值。

打開手機App，新增工作事項、拍照打卡後上傳、自動產生工作報表……，這是許多公司業務或外勤人員的日常，愈來愈多企業都採用類似這樣的App來落實精實管理，其中有不少都出自威納科技之手，並且在近年來，成為政大會計系講座教授吳安妮負責的政大整合性策略價值管理研究中心（iSVMS），在系統端的最佳戰友之一。

威納由董事長暨執行長莊澤群在2002年成立，主要承接企業與公部門的系統開發與網路整合行銷專案，包括：網站建置、手機App開發、資料庫及程式設計、網站代管等，客戶群涵蓋零售業、科技業、金融保險業、電商、遊戲業、服務業等各式業種；其中最知名的，就是打造「業務王」App。

隨著App熱潮退燒，許多企業開始思考系統應用，包括：房仲、美髮等業者，都有外勤人員管理的需求，威納便順勢切入系統的開發，一方面提供App讓業務或外勤人員可以輕鬆輸入行程與工作任務，一方面則提供管理後台，讓主管能夠查詢員工紀錄並分析各式報表。

提升工作效率

談起與吳安妮團隊合作AVM的機緣，莊澤群表示，多年前曾幫普祺樂實業開發類似的精實管理系統，因此認識吳安妮，後來便與專業團隊一起，協助企業在實施AVM之前，先導入「業務王」App，迄今已有十年時間。

所謂的「業務王」App，「就是記錄人、事、時、地、物，後台可根據公司需求，重組產生各種不同形式的報表，」莊澤群以簡單的文字為「業務王」App下了注解。

換言之，「業務王」蒐集的其實是AVM作業模組所需要的資料，包括：人、機台乃至於IT系統，做了什麼作業、花了多少時間，對哪些價值標的做出貢獻等內容。

莊澤群進一步談到，企業主通常會希望了解員工行為如何影響公司營運績效，因此會採取類似「目標與關鍵結果」（Objectives and Key Results, OKR）管理的做法，也就是先設定績效目標，再細分成各部門的作業與行為，之後再將這些作業細項分類歸納到不同的動

吳老師小教室

透過AVM整合性制度，企業經營決策不再僅能依靠經驗法則，或有遠見的企業家來執行，而是透過扎實的資訊分析，得出科學化的結果，達到決策科學之精準方向。

因，最後匯出報表呈現。

在協助諸多企業導入「業務王」App及AVM系統後，莊澤群絲毫不吝於肯定AVM對企業帶來的效益。他舉例指出，在建立效率表和負荷表之後，所有員工的工作情況都一目了然，以前老闆習於從員工是否加班來判斷各自的貢獻程度，現在有了效率表，「大家不用再演戲裝忙，都能準時上下班。」

莊澤群更談到：「AVM的管理機制，不僅提高了工作效率，也改變了公司文化。」

改變企業文化

典型的例子之一，是AVM將主管的角色「去中間化」。

過去，所有管理報表都需要主管協助製作，無形中給予主管很大的操作空間，可透過報表製作和解讀，左右老闆的判斷；但使用AVM後，報表可以直接從最前線的業務系統中產出，在可視化報表下，所有績效都一清二楚，年輕員工明白自己的努力能夠被呈現出來，不會像以前那樣被公司複雜的人事文化磨滅工作熱情。

事實上，職場上面臨的最大壓力，通常來自於人際關係，因為考慮到自己的績效，必須與上司及同事之間保持良好互動；但有了AVM系統，就能減輕這方面的負擔，員工只需要專心完成自己的工作即可，不用花太多時間討好主管，主管也可以直接透過AVM的量化績效指標來評估下屬。

莊澤群強調，對企業經營者來說，如果懂得善用AVM這套數字化管理工具，就能更精準掌控員工行為，不再只是訴諸個人情感，員工也知道努力的結果會獲得回報，有助於發揮個人和團隊的潛能，「整體來說，AVM讓管理階層可以擴大影響力並改善公司文化，透過量化數據來激勵員工、提升效率，減少主管人際操作的空間，使得績效考核更透明公平。」

不過，儘管AVM的好處看似不少，企業仍難免有疑問：

「過去已經建置企業資源規劃（ERP）、客戶關係管理（CRM）系統，與AVM是否會有衝突？」

對於這類問題，莊澤群強調，AVM可以跟企業既有的ERP、CRM等系統結合，或者進一步開發衍生功能，「如果說ERP是負責管錢、管貨，CRM是管客戶，AVM就是管所有行為。」

他補充指出，ERP與CRM通常只開放給特定部門使用，但AVM涵蓋的範圍更大，包括：研發、業務、製造、內勤部門等，都可在同一系統查看客戶狀態，且可與財務系統整合，呈現每個業務人員的銷售目標及利潤完成程度，有助管理階層掌握前線作業行為（圖5-1）。

基本功 I IT業者與專業團隊相互合作

「AVM的系統與技術層面並不複雜，但『人』的問題是最大障礙，也是導入成敗的關鍵，」莊澤群一語道出AVM的執行心法，因此，威納雖是App系統開發商，卻經常需要從管理的角度出發，與

圖5-1：威納觀點：成功導入AVM必備的三大條件

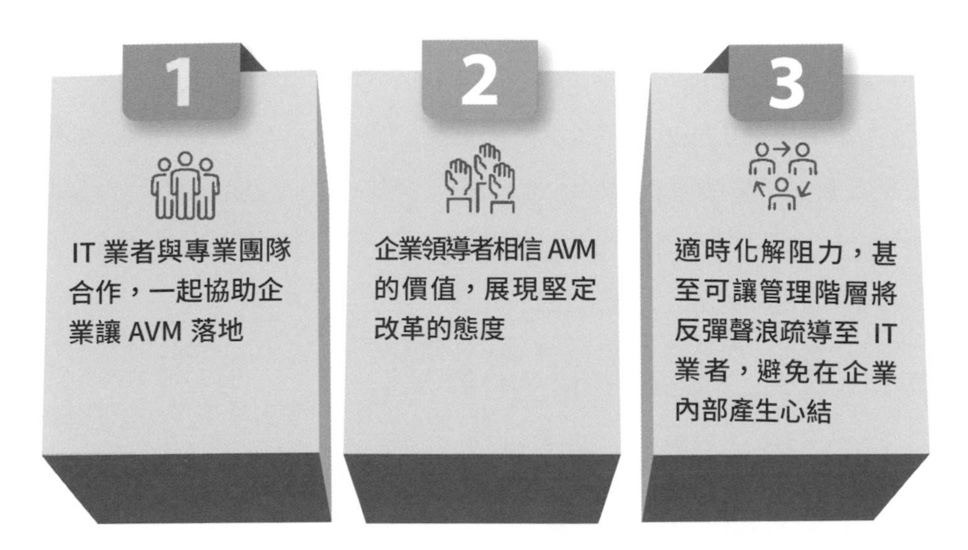

專業團隊一起協助企業讓AVM落地。

為了突破企業內部的阻力，「AVM推行過程需要有『法』、『術』、『勢』適當搭配，」莊澤群解釋，也就是從管理面著手，而非只是引進資訊系統而已。

「法」，指的是AVM系統背後的理論架構和管理學知識，通常由吳安妮進行培訓，讓企業產生「覺知」，了解自身問題。

「術」，所指的是App及AVM系統的技術實作內容，由威納提供App，而由華致提供AVM系統，教導企業員工如何使用App及AVM工具。

至於「勢」，則是很重要卻容易被忽略的一環，指的是推廣的形式與方法，其中需要妥善處理不同文化、勞資立場的差異，更要適時引導或轉移員工情緒。

「如果只有『法』和『術』、缺少適當的『勢』，很容易引發嚴重的反彈衝突，破壞勞資關係，唯有掌握形勢、耐心溝通協調，才能讓理論框架順利實施，發揮期待的管理效果，」莊澤群語重心長地說。

基本功 2 企業領導者相信AVM的價值

在累積愈來愈多企業案例後，莊澤群發現，主事者的態度，是AVM系統能否導入成功的關鍵。

更具體點說，就是領導者必須相信AVM的價值，且領導者的決

吳老師小教室

除了直接的生產或營運成本，許多隱藏的成本，例如：員工培訓、設備維護、失誤造成的重新工作等，也可能侵蝕企業的利潤。

心愈強大，導入AVM的成功機率愈大。

令莊澤群記憶猶深的是，曾經有個客戶是二代接班，當公司推行AVM系統時，他直接跟所有資深業務同仁表示，這就像Uber一樣，不使用這套系統的人，以後都不用接單，展現堅決的態度後，幾乎不曾聽到內部反對的聲音。

對此，莊澤群不諱言，如果老闆比較重情、惜情，員工難免會對老闆動之以情，甚至私底下跑去找老闆哭訴，倘若老闆的決心不夠堅定，推動阻力就會比較大；反觀沒有太多感情包袱的公司，如果能用績效、時間、成本等指標理性溝通，推動起來會比較順利。

甚至，他認為，企業推廣AVM，在某種程度上相當於公司改革和文化轉型，自然會影響到一些既得利益者，遭遇巨大抗拒是難免的事，但藉此清除體內毒素、壯大筋骨，正是AVM的重要價值之一，能夠堅持到底的企業通常最終都能看到效益，「這是一次痛苦的蛻變，老闆要有遠見和魄力，公司才能提升到另一個層次。」

莊澤群曾遇到一個客戶，在導入App之後，三十位業務人員全數離職，但老闆仍堅持「長痛不如短痛」，斷然重新建立團隊，結果新團隊的工作效率較舊團隊提升超過一倍，「效率較差的舊團隊，都跑到競爭對手的公司，反倒讓我們的競爭力提升，」那位老闆做了這樣的詮釋。

另外有家企業在推行AVM時，因為北、中、南區的營業處山頭林立，對於公司推動新系統採取消極不配合的態度，更有一些人在LINE群組裡用情緒性字眼批評謾罵，試圖帶風向、影響他人看法，訴諸集體抗爭的行動⋯⋯。

所幸，企業主堅信AVM的價值，有支持革新、推動到底的決心，這種精神和信念正是推動變革的重要支柱。

相對來說，有部分企業因為受到某些業務人員的強力反彈，或者業務主管威脅要帶整個團隊投奔敵營，老闆被迫退縮或讓步⋯⋯，一旦半途而廢，自然沒有機會看到AVM帶來的成果。

基本功 3 適時化解阻力

為了化解可能遇到的阻力，在實際執行層面，威納會先跟主事者溝通，讓他們明白僅僅引入AVM系統是不夠的，人性面和管理面也要一併考量，畢竟公司內部難免會有人際政治問題，再加上如果有跨國營運據點，不同文化對AVM的接受度也會有差異。

舉例來說，過去曾有台灣企業想要將AVM推廣到位於歐洲的營運據點，就因為遭遇當地員工的龐大壓力而喊卡。

對此，莊澤群坦承，AVM在西方國家推廣的難度較高，可能大家較重視策略，而不重視成本；在東亞和東南亞的華人地區與泛佛教國家，相對來說比較容易接受AVM這種創新管理制度。

甚至，要避免管理階層與基層員工對立，威納還有一大絕招：先跟管理階層溝通好，只要員工有反彈情緒，都由威納一肩扛起。

在這樣的默契下，管理階層會將反彈聲浪疏導到威納，盡量不要影響到管理階層，如此就能使App及AVM系統的推廣事半功倍，且公司與員工之間比較不會留下心結。

挹注創新轉型與永續經營能量

威納投入AVM相關的App資料蒐集領域，至今已有十年時間，而走過這段歲月，莊澤群認為，AVM對代理商及二代經營者最有吸引力。他說明，代理商主要是希望建立數位系統來掌控業務推展的情況，藉此與原廠建立更緊密的合作關係；二代接班的企業主，則是希望完整記錄業務人員及工程師的行程及工作項目，用以管理員工、掌控營運狀況。

隨著App及AVM在企業成本管理上逐步展現其價值，下個階段，威納計劃結合AI演算法，進一步協助管理者預測工時及成本，從管理工具變身為預測工具，甚至可以幫企業主賺到管理財。

莊澤群解釋，現在的AVM是按照過去的資料結算而成，可協助企業突破困境，做好精算與控制成本，進而做對決策；然而，若可以累積足夠的資料，持續訓練AI模型，將可預估未來一年的人工時數分配，或者新產品可能帶來的收入和利潤。能夠做到這點，對企業老闆來說，將會更有價值。展望未來，「期待吳安妮老師與專業團隊在台灣市場的成功經驗，能夠輸出到更多國家，為更多企業注入創新轉型與永續經營的豐沛能量，」莊澤群對AVM的未來充滿期待。

採訪整理／沈勤譽

第二部 實戰篇

應對管理難題

AVM以「作業」來檢視公司的實際營運狀況，
鏈結經營的因果資訊，
成為管理決策的重要參考，
協助管理者做對決策、找好客戶、用對員工。

藉由ABCM持續分析作業及動因，並據此改善成效，與台積電追求卓越、精益求精的企業核心價值不謀而合。左為台積電人力資源資深副總經理何麗梅、右為台積電會計處會計服務部晶圓營運組織副處長曾勇達。

科技業

台積電
如何掌握產品的真實成本？

國人口中的「護國神山」，也曾經歷獲利不如預期的日子。
直到透過ABCM分析作業及動因，精準掌控成本，
如今的台積電，不僅年年精進營運效率，
更穩居全球晶圓代工龍頭。

晶片，有二十一世紀的「新石油」之稱，而由台積電所開創的晶片專業代工的營運模式，更徹底改變了全球半導體產業的面貌。根據研調機構集邦科技（TrendForce）報告指出，2023年第二季台積電在全球晶圓代工市占率達56.4%，穩居全球晶圓代工龍頭。

全球科技彈藥庫的「護國神山」台積電，究竟是如何煉成的？

台積電創辦人張忠謀曾透露，公司經營一定要建立五大競爭障礙，分別是：成本、技術、法律、服務與品牌。然而，即便是他眼中最容易被超越的「成本控管」，也已發展出一套獨特的財務管理心

認識台積電

成立時間	1987年
負責人	劉德音／董事長
AVM導入負責人	曾勇達／會計處會計服務部晶圓營運組織副處長
主要業務	全球第一家專門從事晶圓代工的廠商，為客戶生產的晶片被廣泛運用在高效能運算、智慧型手機、物聯網、車用電子與消費性電子產品等終端市場
員工人數	7.36萬人
營業額	2兆2,638億元（2022年）

法，憑藉優於其他晶圓代工廠商的成本控管能力及技術效率，在全球半導體產業競爭中取得優勢。

身為產業領導者，台積電擁有獨到的訂價策略，但鮮少有人注意到，台積電對於成本管控的嚴謹與獨到。長期主跑科技產業的媒體人林宏文觀察，在疫情之前，台積電每個製程平均年降幅可達4%，不只對客戶有利，對內也有激勵與改善營運績效的作用。

而台積電之所以可以做到年年精進營運效率，關鍵便在於1999年開始推動作業基礎成本管理（ABCM，作業價值管理〔AVM〕的前身）。

危機成為財務轉型契機

如今在半導體產業說一不二的台積電，其實也曾有過一段艱困的歲月。

1998年至2000年，全球半導體行業經歷了低迷期，「當時台積電也因為千禧蟲危機的景氣波動，獲利受到影響，」資歷超過二十年的台積電人力資源資深副總經理何麗梅回憶。

所謂的千禧蟲危機，指的是電腦從1999年跨入2000年時，可能因年序錯亂而導致重大的系統和設備故障，影響全球的基礎設施和經濟發展。為了防患未然，全球出現電腦資訊設備更換潮，連帶提升市場對電腦晶片的需求，沒想到後來實際需求不如預期，導致部分廠商庫存過多，造成需求疲軟。

關於劉德音

學歷　美國加州大學柏克萊分校電機暨電腦資訊博士

經歷　2013年至2018年間擔任台積電總經理暨共同執行長，負責領導尖端技術開發，如今為台積電董事長
1993年加入台積電
曾任職英特爾和AT&T貝爾實驗室

危機泡沫破滅，帶來的影響有多劇烈？

最直接的，是台積電在1998年第二季的營收較第一季銳減四分之一，只有116億元，再加上認列世界先進與美國Wafer Tech的投資損益，導致台積電第二季的淨利衰退率高達46%。儘管最終結算並未虧損，卻已是台積電自創立以來從未遭遇過的困境。

當時的台積電財務長，是曾協助台積電上市的金融名將張孝威，立即採取節流政策，透過要求各廠壓低營運費用、縮減預算等財務調整，穩住公司的財務狀況。

好不容易苦熬到市場需求回升，奇怪的是，明明公司營收有所成長，獲利卻沒有跟著同幅度上升。

「Harvey（張孝威的英文名）認為，我們應該多了解產品的真實成本，才能找出降低成本的方法，」何麗梅談到，當時張孝威透過朋友介紹，找到政大會計系講座教授吳安妮諮詢，試圖導入作業基礎成

本（ABC）制度。

事實上，原本台積電採用標準成本會計制度已非常精細，但因為存在許多假設數據，當產業或環境波動、產品愈來愈複雜時，便會產生變異數。

相對來說，ABC制度能夠拆解公司流程，結合營運與財務資訊，精準計算出各階段實際耗用多少資源，也能透過作業與動因分析而持續獲得回饋，幫助管理者做出更好的決策。

接軌國際，導入ABC制度

為了更加了解這套制度如何運作，張孝威先花了近半年時間，每週兩次到政大向吳安妮討論求教，並在1999年決定導入。

但是，從理論架構到實際落地，卻沒有想像中容易。

回想二十五年前的台灣，完全沒有本土電子業公司導入ABC制

導入ABC，不只降低成本，也能找出生產流程中隱而未見的問題，持續改進。

——台積電會計處會計服務部晶圓營運組織副處長曾勇達

度的前例可循，而少數幾家採用ABC制度的英特爾、惠普等國外大廠，皆將導入經驗視為公司機密，鮮少公開談論。

無奈之下，張孝威只能找來曾協助國外晶圓廠導入ABC制度的國際顧問公司安達信會計師事務所（Arthur Andersen），與吳安妮團隊、公司內部的ABC專案小組共同規劃導入。

吳安妮表示，當年她在台灣推廣倡導的ABCM制度，其實已在原本的理論架構上進行延伸與創新，不只重視短期的成本資訊，更融入品質、產能、附加價值、顧客服務等作業屬性，可說是AVM制度的前身。

「尤其，台積電的機台非常昂貴，所以我特別告訴美國顧問團隊，必須將機台的品質及產能盡快納入考量，」吳安妮坦言，想說服美國團隊改變觀念與做法，談何容易。

標竿學習，克服挑戰

出乎意料的是，吳安妮透露，當時安達信會計師事務所的專案負責人柯拉戈（Catherine E. Crago），居然是吳安妮在美國的好友當年被領養、多年後重新聯繫上的親生女兒，因為這個獨特的機緣，她和柯拉戈快速建立起信任基礎，兩人時常在政大討論到深夜，終於對台積電的ABC導入專案形成共識。

在那之後，「接棒」的台積電內部專案小組，也必須克服初始啟動的挑戰。

「我們當時有兩大難題：首先是要找到願意參與實驗的晶圓廠，接著還要能讓其他廠也願意一起採用新做法，」台積電會計處會計服務部晶圓營運組織副處長曾勇達苦笑著分析，晶圓製造工序極為複雜，光是數據蒐集與流程拆解，可能就需要耗用大量時間與人力成本，「各座晶圓廠都擔心會干擾生產效率，不願意接受。」

幸好，經過團隊不厭其煩的宣導與溝通，終於打動台積電三廠副廠長簡正忠，率先加入這場創新實驗。

「這是很關鍵的一步，讓我們可以先建立並驗證新模式，」曾勇達表示，台積電內部有奉行向標竿學習的風氣，只要能夠證明新制度

台積電導入ABC步驟

時間	工作重點
1999年～2000年	導入規劃期，組建國際顧問、本土顧問、吳安妮團隊與台積電專案小組，進行內部溝通與說服
2000年～2001年	模型驗證期，實際在三廠試行導入，建立並確立數據蒐集、分析與成本管理流程
2003年迄今	台積電全球晶圓廠皆導入，將ABC制度融入公司既有管理架構，發展出新的成本歸屬及分攤方式、產品配置組合及訂價策略

對成本控管有所助益，各廠區就會跟著導入。

回歸成本結構，交叉分析作業價值

生產現場數據的蒐集，是導入ABC的第一步。有趣的是，台積電只蒐集設備及原物料的資訊，卻沒有將人力分析納入其中。

「一開始我們也是雄心勃勃，什麼都想做，」何麗梅說，但試行後發現，若要現場的工程師或作業員將時間花在記錄工時上，便會干擾生產流程。因此，團隊決定，回到成本結構去分析，挑重點來做。

「機台設備占了50%以上的成本，原物料大約占20%，人力成本只占10%，所以設備才是我們首要的管理重點，」何麗梅說。

她進一步指出，台積電工廠原本運行的製造執行系統（MES）能夠自動記錄派工、生產排程、製造配方、設備管理等資訊，即便涉及數百至千道工序，MES都能即時追蹤每台設備及真空室的生產足跡，精細度甚至可達毫秒（千分之一秒）。

第二步，則是將MES的生產數據與企業資源規劃（ERP）財務系統整合，上傳至SQL資料庫加以分析。

何麗梅笑著說：「用白話來講，就是將生產時間與投入金額進行交叉分析，計算出每個作業能夠產生多少價值，這是一個滿辛苦的過程。」

曾勇達舉例，若有個製造配方規範在特定氣壓、溫度條件之下，某機台需要加入6毫升的A原料與6毫升的B原料，但是在ERP系統

ABC制度的優點，在於能夠將每一個生產作業轉換成更具體的金錢價值，讓成本控管不再陷入盲人摸象的誤區。

——台積電人力資源資深副總何麗梅

中，A、B的領料單位分別是加侖與桶，工程師就必須先換算劑量單位，才能進行分析——當類似的來回流程與時間乘上數千倍，便能大略想像專案團隊付出的龐大時間與心力。

有效提升產能利用率

經過近一年的磨合與測試，終於出現成果。

「相較於原本的標準成本，我們對成本的掌握更細膩，」何麗梅以成本占比最大的機台為例指出，若機器使用在非生產作業上面的時間為15%，ABC制度能夠計算出機器每一秒做了什麼動作、實際耗費多少成本，逐一釐清15%的數字背後，究竟是排程不佳、故障或維修等原因，再對症下藥，提高設備產能。

接著，工程師很快就針對生產排程進行優化。

每批晶圓進廠之後，都會經過生產規劃並派工，公司自然希望每台機器能夠一天二十四小時不間斷運行，但實際上卻很難達成。若每批晶圓需要的流程與參數有所差異，每一次的調動便會產生閒置的等待時間。

幸好，如今工程師能夠鎖定每個流程及機器，展開更細的分析，譬如，調整某工作母機不同真空室的設定，或是盡量安排同一類型的生產作業在相同的真空室進行，讓排程更加流暢。

對廠區而言，過去，他們雖然知道機台當機或維修會造成產能浪費，卻未必能夠設法避免；但是，當這些浪費化成實際的成本數字，工廠端就變得更有動力去解決問題，例如：連動大數據系統，預估零件的壽命及需要維修的時間，預先調整生產排程，避免出現臨時停工的狀況。

「這也是我們原本導入ABC的目的，不只降低成本，也能找出生產流程中隱而未見的問題，持續改進，」曾勇達說。

台積電之所以能夠優化訂價、選擇對的客戶，就是因為背後有ABC制度的支持。

——政大會計系講座教授吳安妮

藉由持續追蹤及管理機器作業，便能減少非生產時間的浪費，即使只減少5%也很重要，等於公司不用額外花錢投資，就能增加5%的產能。

成本控管再進化

ABC制度的導入，也改變了工廠原本的成本控管模式。過去，可能只是憑經驗或假設來列預算；現在，則是要拿出數字說話，對成本的掌握更加精準。張孝威曾在接受媒體採訪時提及，這套成本管理制度能夠一一揪出傳統財務報表無法發現的「死角」；而在2020年的政大企業說明會資料中更提到，透過這套系統，每年為公司省下10億元。

透過標準成本制度，只能大略估算製造配方中的原物料耗用數據，例如，某個化學材料的用量是2毫升，乘上單價，便能計算出該用料的成本。

然而，在實際生產時，每台設備、每種不同的環境條件，可能造成細微差異，有些機器可能會用到2.2毫升，因為變數太多，難以一一追蹤，導致廠區只能用總預算控管。

採用新制後，工程師能夠直接鎖定偏離標準值的特定機台，直接設法改善，進而降低原物料成本。

「ABC是非常細膩的，能夠將籠統的成本拆分，找出有問題的節點，」何麗梅認為，ABC制度的優點，在於能夠將每一個生產作業轉換成更具體的金錢價值（dollar value），讓成本控管不再陷入盲人摸象的誤區。

每種化學藥劑、氣體及零件材料的成本占比看似不高，但是只要能持續精簡節省用量，總量累積下來也非常可觀，「三廠也因為這些成果，獲得公司多次表揚，」何麗梅笑著說。

優化訂價策略

ABC制度在台積電三廠試行成效斐然，其他廠區的廠長受到激勵，開始紛紛主動要求導入。

何麗梅表示，2003年至2004年間，台灣、美國等全球廠區皆已全面導入ABC制度，「就連新廠也要導入，這套制度已經內化到全公司了。」

當ABC制度融入台積電內部的各項系統，成為預設的底層邏輯，影響層面也從製造成本擴及公司營運層面，幫助台積電發展出新的成本歸屬方式、產品配置組合，同時也優化了訂價策略。

張忠謀曾在某次演講中，強調訂價的重要性：

減掉1%成本，有時需要1,000個工程師；但是有訂價能力的執行長，把價格調高1%，就可以創造同樣的獲利。

至於「台積電之所以能夠優化訂價、選擇對的客戶，就是因為背後有ABC制度的支持，」吳安妮分享她的觀察心得。

客戶訂單可能分散在台積電的不同廠區製造，每個產品的製程成

台積電導入ABC效益

目標	成果
強化成本控管能力	針對數據表現不佳或是浪費的設備產能、原料成本，進行分析與改善
降低設備的非生產時間	找出不夠流暢的製造環節，進行流程優化與管理
強化訂價策略精準度	交叉計算出每個客戶的實際貢獻值，進而檢視與調整訂價

本都不同，因此，過去台積電只能從下單產品的單價、毛利率、需求量等項目，來計算客戶貢獻度，其實並不精準。

不同產品的製造技術、客製化程度、服務成本等變因，都會影響實質獲利水位；如今，台積電以ABC制度為基礎，發展出一套獨到的客戶獲利系統，能夠以客戶為單位，交叉分析產品製程成熟度、設備歸屬及攤提狀況、是否有特殊需求，或是交貨時程特別緊急等各項動因後，掌握每個客戶的營收貢獻度。

「這個報表每季都會跑一次，財務長、執行長做決策時，都會參考這些數據，」何麗梅舉例，一旦有客戶因為下單量大，而希望取得較低價格時，公司就能夠根據這些透明且科學化的數據，採取更符合公司長遠利益的訂價策略。

歸納台積電推行ABC制度為何能夠奏效，吳安妮認為，關鍵在於領導者的魄力、強大的管理執行力，以及豐沛的人才梯隊。

留住人才，持續創新

在台積電導入之初，許多製造、業務單位皆輪流到財務部抱怨，一時之間，新制度面臨許多挑戰，但是在張忠謀的支持下，讓專案團隊有足夠的底氣與資源持續推行。

曾勇達回想，當時固定駐廠的外部專業顧問多達五、六人，光是顧問費就極為可觀。而專案小組中的人力也非常充足，除了財務部之外，也邀請晶圓廠和營運、工程、資訊等跨部門成員共同加入推廣。對此，吳安妮忍不住讚賞：「台積電能夠把這些人才留住，才讓這些

ABCM的精神是持續分析作業及動因，據此改善成效，形成正向循環。

——台積電人力資源資深副總何麗梅

經驗能夠持續傳承。」

此外，ABCM的精神是持續分析作業及動因，據此改善成效，形成正向循環，這種精神恰好與台積電追求卓越、精益求精的企業核心價值不謀而合。

何麗梅自豪地說：「不論是成本、產能、技術、管理等各方面環節，台積電永遠用最高標準自我要求，持續貫徹執行並追求創新。」也正因為如此，ABC制度才能迅速在台積電落地生根，運行至今。

採訪整理／王維玲・攝影／鄭卉妤

明門集團董事長鄭欽明指出，AVM與集團持續追求卓越的精神已緊密結合，成為重要競爭力來源之一。

品牌商 × 製造業

明門 × Nuna × Joie
管理只看財報就好？

從追求正確的成本數字，到利用數據賺管理財，
AVM 協助決策者得以站在制高點，累積智慧資本，
持續在隱形冠軍的優化之路上穩步前行。

全球生育率崩跌，少子化趨勢衝擊經濟生活，卻為嬰童用品市場帶來另一波寵愛商機。年輕世代的父母更重視嬰童用品的安全性、舒適度與設計感，即便是萬元起跳的汽車安全座椅及推車，也往往都捨得投資。而不論你挑的是什麼品牌，有非常大的機率，你已經成為明門集團的客戶。

1983年成立的明門，是全球嬰幼童用品市場的隱形冠軍。隱形，是因為未上市的明門一向低調，從不公開談論營收，也鮮少接受媒體訪問；但明門是當之無愧的市場霸主，它是全球最大量的嬰童汽車安全座椅製造商，包含美國最大嬰童用品品牌Graco、義大利Chicco及日本Aprica等知名品牌，皆由明門研發設計與製造。

認識明門集團

成立時間	1983年
負責人	鄭欽明／創辦人、董事長
AVM導入負責人	經營管理部（SVM）
主要業務	嬰童用品設計研發、製造代工及品牌經營
員工人數	1.3萬人
營業額	不公開

除台灣之外，明門目前在美國、英國、德國、瑞士、荷蘭、澳洲、日本、杜拜、新加坡及中國大陸皆設有據點，全球員工人數超過一萬三千人，在全球嬰童用品擁有四成以上的市占率。

更傳奇的是，明門打破台灣製造產業不擅經營品牌的魔咒，兩個自有品牌「Nuna」和「Joie」，皆成功打入國際市場，於全球超過八十個國家銷售，在歐美各高級百貨公司都可看到其身影，例如：諾斯壯百貨（Nordstorm）、哈洛德百貨（Harrods）、約翰路易斯百貨（John Lewis Partnership）、薩克斯第五大道（Saks Fifth Avenue），多次占據紐約時代廣場最明顯的廣告看板位置，產品連貝克漢、凱特王妃都愛用，並與NBA頂級球星柯瑞（Stephen Curry）及「字母哥」安特托昆博（Giannis Antetokounmpo）一起合作慈善項目。

結合自有品牌及客製化代工（ODM）訂單，明門以先進精實的製造能力，生產出一年超過三萬個四十呎貨櫃的產品，銷售到全球。

導入ABC，開啟精進管理之旅

管理學之父彼得・杜拉克曾說：「在企業內部，只有成本。」對於明門創辦人、董事長鄭欽明而言，如何加強成本控管，讓團隊建立全方位的成本意識，確實是提升競爭力的核心課題之一。

1983年，鄭欽明和太太喬安娜從五股一間小工廠白手起家，創業後不久便接到Graco的代工訂單，因品質穩定、交貨準時而逐漸獲得其信任；1993年，鄭欽明前往東莞設廠，成為Graco海外獨家供應商，奠定明門在這個產業的基礎。

然而，隨著公司規模不斷擴大，鄭欽明感受到必須強化公司管理體質的迫切性。

「我是念工程的，公司成長到一個程度，就會覺得自己學得不夠，」鄭欽明回憶，為了更好地管理公司，他在2000年進入政大EMBA班就讀，在會計系講座教授吳安妮的「管理會計」課堂上，初次接觸到作業基礎成本（ABC）制度，也就是作業價值管理（AVM）制度的前身。

財務報表是企業管理者重要的管理工具，但鄭欽明曾經深感困擾，因為「財務報表只能呈現企業營運的整體結果，無法真實反映間接成本的分攤，也難以掌握個別行動所帶來的真實效益。」

舉例而言，明門旗下有個熱賣三十年，至今依舊非常受歡迎的產品系列，因利潤不高，若按照傳統會計分攤計算成本的方法，在帳面上會呈現虧損。

然而，「因為這個產品幾乎不需要維護成本，只要採購成本稍微降低，或是生產效率適度優化，就可以拉回利潤線上，」鄭欽明指出，若管理者只以財報做為唯一的判斷標準，就可能因而誤砍能夠獲利的產品。

相較之下，AVM以「作業」為單位，可計算出產品、顧客、通路等價值標的之成本及利潤，同時與品質、產能、附加價值及效率等重要管理決策資訊相互整合，做為決策的依據，「這是一個很強大的

認識鄭欽明

學歷　政大EMBA碩士
中原大學土木工程系學士

經歷　1996年創立雅文兒童聽語文教基金會，長期投入台灣聽損兒童療育工作
1983年創辦明門實業，現為全球最大嬰兒產品設計製造廠

工具，我立刻邀請吳安妮老師輔導明門導入，」鄭欽明說。

這份決斷力，連吳安妮都感到意外，直言：「明門是我看過對整合性策略成本管理制度設計與實施，最具高度決心和貫徹執行力的企業！」

她感動地說：「鄭董還對我說，按照我的想法安心去做，有問題都由他來解決。」

人才到位，克服各種挑戰

在鄭欽明的支持下，明門於2001年成立專案小組，隸屬於總經理之下，初期由吳安妮指導的顧問團隊與專案小組共同推動。

吳安妮建議，在專案小組中，要網羅三種類型的人才。

第一種，是擅長管理會計的財務人員，負責建立ABC模型，並且根據管理的財報數據，發掘出不合理的成本，或是需要改進的財務問題。

第二種，是熟悉工廠製程的工業工程師，協助財務人員了解工廠的實際運作狀況和生產流程，使成本模型貼近實務運作。

第三種，則是解決各式資料蒐集與分析系統需求的資訊科技人才，能夠根據需求撰寫程式或建置／整合系統。

人員到位後，緊接著便要迎接一波波的挑戰，例如：除了計算出較為精確的成本以外，尚有其他的ABC管理需求不太明確；資料品質難以控制；數據處理過於花費人工；導入新的管理制度，人員心中抗拒等問題，因而專案團隊成員需要持續學習，挑戰個人潛力和毅力……

「為了蒐集精確的ABC產品成本計算相關資訊，付出的成本太高

若管理者只以財報做為唯一的判斷標準，就可能因而誤砍能夠獲利的生產線。

——明門董事長鄭欽明

了，員工也很辛苦，」鄭欽明回憶，當時沒有記錄工時的便利工具，員工每做一件事，就要手動記錄工時在書面表單上，一整天下來，不只耗用過多時間，也造成同仁的負擔。因此，明門決定採取「5%」策略——員工只要撥出5%以下的時間，建立並蒐集資訊，讓決策資訊精準度達到80%即可。

儘管如此，明門還是遭遇到新一波的挑戰——蒐集到許多數據，也計算出各項作業成本，但不知道該如何應用在管理上。

當時，AVM尚在早期推廣階段，可參考的成功經驗有限，前三年大多數時間都在建立架構，具體成果不多。

為了解決這個難題，專案小組每月與鄭欽明開會一次，校準管理需求，據以設計模型、系統和報表，並藉由月會檢視成本計算結果，應用在採購議價、內部單位成本優化等議題上，透過精準追溯數據與流程，找出改善的關鍵環節。

抓出吃掉獲利的隱藏成本

2004年，鄭欽明將原本只有六人的AVM專案小組正式獨立出來，成為與財務部平行的管理單位，由吳安妮命名為績效管理資訊中心（Performance Management Information Center, PMIC），協助各部門主管找出問題，達到成本控管、提升製造效率及管理績效的目標。2022年，這個部門再與管理部及供應鏈小組合併，更名為「經營管理部」（Strategic Value Management, SVM）。

成立專責單位之後，SVM團隊深入檢視可能需要解決的問題，譬如，模具設計及生產雖然是明門重要的策略技術投資，但因為模具生產並非明門主要的生產製程，導致當時明門的模具成本已有五年未曾更新。

報價的決策資訊年久失修，沒有人清楚正確的模具自製成本到底是多少，更遑論是成本對比模具外包廠商是否具有競爭力。於是，SVM團隊與現任模具部門主管決定，重新釐清模具生產的現況流程

明門導入AVM步驟

時間	工作重點
2001年	開始導入ABC，成立專案小組
2002年	成 立ABC/ABM（Activity Based Management，作業基礎管理）小組
2004年	將專案小組更名為績效管理資訊中心（PMIC），整合ERP與現場管理需求的相關系統，提供即時且精準的數據，協助各部門主管找出問題，達到成本控管、提升製造效率及管理績效的目標
2022年	整合PMIC部門、管理部及供應鏈小組，更名為經營管理部（SVM），放大AVM效益

在AVM專案小組中，要網羅三種類型的人才：擅長管理會計的財務人員、熟悉工廠製程的工業工程師，以及解決各式資料蒐集與分析系統需求的資訊科技人才。

——政大會計系講座教授吳安妮

及管理議題，並且重新設計ABC成本歸屬模型，讓成本歸屬的結果能夠被模具部門的主管應用，並提供正確的模具成本資訊，讓業務在報價決策時能有更準確的成本資訊參考。

結果，SVM團隊在建立模型的過程中發現，模具設計及生產有許多隱形的浪費。

由於未能事先釐清新產品開發對於模具的需求量，導致模具部門主管難以規劃未來產能；此外，又因模具設計及編程人員是市場上搶手的人才，擔憂未來招募不及，導致儲備過多人才，因而產生許多閒置成本。

於是，SVM團隊協助模具生產廠長，跨部門協調研發單位，預估未來一、兩年的研發模具需求，並透過工時及機時的交叉分析，找出作業環節中的閒置成本，在產能規劃時納入考慮，修正人力配置及相關生產資源，使模具生產成本節省5%至7%。

「AVM管理技術在自製外包決策層面，透過架構出可解釋的成本模型，能夠幫助不同單位的主管間達成決策共識，」明門財務長李惠娟表示，找出正確的模具成本，除了讓明門擁有成本改善的基礎，也透過跟外部廠商的價格比較，明白自身的成本競爭力，找出長期的成本目標。

不僅如此，明門要求同仁，必須公平對待各個供應商，確保他們能有合理的利潤，不壓榨、不偏頗，如：透過分析車縫作業成本，建

明門導入AVM效益

目標	成果
成本歸屬更精確	取得自製成本資訊，優化外包自製決策
現場管理制度完善	找出有問題的製程、管理制度，優化生產效率
獎酬機制調整	部分工序從固定薪資轉變成計件制度，讓員工更有動力
健全公司管理制度	善用成本模型之因果關係，提升決策品質，持續強化公司競爭力

> AVM管理技術在自製外包決策層面，透過架構出可解釋的成本模型，能夠幫助不同單位的主管間達成決策共識。
>
> ——明門財務長李惠娟

立A、B、C級的車縫產品利潤分級，也能合理分配不同獲利水準的車縫訂單給廠商，避免好訂單、壞訂單集中在某些廠商身上，從而使大家都有合理的利潤。

溯源歸因，優化現場管理

成本控管之外，AVM也可協助優化現場生產模式。

SVM總監王鴻仁分享，過去他在其他公司擔任工業工程師時，因資料蒐集困難，導致資訊較不完整，以致於經常碰到提案不被現場採用的困境，「加入明門團隊之後，我發現這裡簡直是寶藏，」他興奮地說，因為AVM不只蒐集到大量的數據與成本資訊，還可以找出不同作業間的因果關係，讓工業工程人員在向現場人員提案時，能夠更加有理有據。

譬如，在提升鐵管硬度的加熱處理製程中，因為升溫階段的能耗最高，SVM計算之後，得出每天開設七爐是最具效益的做法。

除此之外，透過一次又一次的溯源歸因、調整做法，觀察後再透過PDCA（Plan-Do-Check-Act，計畫、執行、查核、行動）循環法則，SVM不只累積豐富的現場管理智慧，面對異常數據能夠更快找到問題根源，並藉由持續的流程優化，讓現場管理制度更加透明，也更加完善。

獎酬制度精準化，調動員工積極度

李惠娟表示，ABC制度主要目的是協助企業解決成本計算和管理的問題，AVM則是吳安妮根據多年研究，將ABC與其他管理技術整合，發揮管理綜效的創新模型，而明門關注的議題也從成本擴大至完善公司制度，協助各單位進行流程診斷，找出管理議題，再對症下藥提出解方。

第一個試行部門，便是當時令鄭欽明傷透腦筋的鐵管部門。

鐵管的沖壓加工程序較為複雜，「現場主管常告訴我，產能效率達到100%、150%，其實根本沒有根據，甚至還有女工踩著高跟鞋操作沖床，」面對諸如此類的工安問題與現場管理亂象，性格嚴謹的鄭欽明不只開除那位主管，也藉由AVM重新整頓部門。

李惠娟解釋，因為鐵管處理的工序並非流水線模式，而是由人員獨立操作機台，上百位機台背後的員工都是領取相對固定的薪資，但有了AVM的邏輯框架之後，「我們開始思考，是否可能走向按件計

AVM不只蒐集到大量的數據與成本資訊，還可以找出不同作業間的因果關係，讓工業工程人員在向現場人員提案時，能夠更加有理有據。

——明門SVM總監王鴻仁

酬的模式。」

於是，SVM投入大量人力，徹底了解現場的作業及管理模式，計算出彎管、焊接、沖床等不同工序的成本，交叉分析作業員的工資、工時、效率、複雜度等相關因子，設計出全新的計薪標準，多做便可多得，加薪幅度甚至可達到50%。

「團隊果真變得更勤勞積極，員工開心，公司也高興，」李惠娟補充，「當然，若是失敗率過高，公司也有相對應的扣薪機制。」

透過作業資料分析與人員效率追蹤，明門計算出每個員工對最終產品的貢獻度，據此給予最適當的激勵獎金，而由於有了明確的數據及指標，員工更能清楚意識到自己的工作品質與收入的關聯性，也更有向上提升的動力。

明門一開始導入AVM制度，是希望解決成本分攤問題，但是經過二十二年的持續推動，這套制度已成為明門企業管理制度的核心DNA，且由於善用了成本制度的因果關係，得以強化公司內的溝通，讓討論能更就事論事，根據數據及事實說話。

不僅如此，透過AVM，「預防失敗工作，可能只需要投入0.5%的人力成本，卻能夠幫公司每年節省5%、6%的失敗成本，」李惠娟說。

2022年，鄭欽明將績效管理資訊中心、管理部及供應鏈小組整合轉型成為SVM。這個將近三十人的團隊擔負起的新任務，是要更進一步放大AVM效益，站在集團的制高點，協助各部門思考如何增加價值，培養長期競爭力。

「對明門而言，AVM與明門持續追求卓越的精神已緊密結合，成為重要競爭力來源之一，」鄭欽明總結。

以AVM健全管理制度

回到AVM在台灣的發展脈絡，明門的案例對吳安妮深具意義：「這間公司，讓我看到了堅毅與努力貫徹的決心和信念。」

吳安妮指出，明門是她輔導過的公司中，最懂得善用AVM數據的成功個案。

她觀察，因為鄭欽明親自主導AVM的推行，甚至在進行發獎金、管理及投資等決策之前，都要求先看過AVM數據報表再決斷，才能以集團之力調動、整合跨部門資源，「領導者真的要有很強烈的意願，才能把這個制度推成功。」

透過AVM，預防失敗工作，可能只需要投入0.5%的人力成本，卻能夠幫公司每年節省5%、6%的失敗成本。

——明門財務長李惠娟

另一個成功關鍵，在於將財務、工業工程師及資訊工程師納入團隊，獨立成為幕僚單位。「因為這三個單位綁在一起，所以會很清楚公司當前所有的問題，」吳安妮指出，明門掌握真正的問題根源之後，再藉由縝密的流程管理與強大的IT系統開發能力，不斷累積公司的智慧資本，經由不同專案的執行持續優化品質與流程。

多年來的合作無間，吳安妮談起明門時流露出的驕傲與滿足神情，更令人印象深刻，而鄭欽明長期對吳安妮的AVM學術研發及推廣國際化之全力支持，也讓吳安妮永存感恩、再感恩之心。

採訪整理／王維玲・攝影／賴永祥

導入AVM為日正解決報價落差、提升競爭力，總經理李采慧（著白外套者）直言，日正因此賺到管理財，在大數據迅速發展的時代，找到翻轉的力量。

食品業

日正食品
大訂單必然帶來高利潤？

為什麼必須拒絕超級VIP客戶？
不賺錢的產品，卻有助拉抬公司品牌形象，該怎麼辦？
業績減少，利潤反倒提升，為什麼？
AVM幫日正破解成本困惑，提升企業競爭力。

你需要粉絲、紅豆、綠豆、麵粉、鬆餅粉、太白粉、木薯粉、麻油、香油、龍眼蜜、小蘇打粉、炸粉，或是調理粉絲、黑糖、冰糖、爆米花……？無論是走進貴婦等級的頂級超市，或是量販店、大賣場，又或者是二十四小時營業的便利商店，在乾貨雜糧區貨架上隨手一拿，十之八九的商品包裝袋上，都會有個充滿笑容的小太陽商標。

它們，都來自已經有將近五十年歷史的日正食品。

認識日正食品

成立時間	1975年
負責人	劉慶堂／創辦人暨董事長
AVM導入負責人	李采慧／總經理
主要業務	為全台大型連鎖量販通路、連鎖餐飲通路、食品加工廠等的自有品牌，提供冬粉、炸粉、糖粉、黑糖等的代工（OEM）、客製化代工（ODM）服務 目前有多達十個系列、四百多項產品，行銷全台五千個以上通路 以「日正」及「青的農場」兩個品牌打入超市、量販店
員工人數	285人
營業額	約16億元

日正成立於1975年，創辦人劉慶堂從沙拉油業務起家，後來用跟會標到的五萬元，和弟弟、妹妹一起在台北市木柵菜市場賣醬菜，沒多久轉而投入五穀雜糧作物產品，從日本把品牌化、小包裝食品的概念引進台灣，挑戰過去數十年來在傳統市場秤斤論兩買雜糧、食材產品的習慣。

發展至今，日正儼然成為台灣小包裝雜糧穀類與食用粉類的業界領導品牌，目前有多達十個系列、四百多項產品，行銷全台五千個以上通路；除了以「日正」及2004年推出的「青的農場」兩個品牌打入超市、量販店，日正也為全台大型連鎖量販通路、連鎖餐飲通路、食品加工廠等的自有品牌，提供冬粉、炸粉、糖粉、黑糖等的代工（OEM）、客製化代工（ODM）服務。

從五萬元資本、三兄妹在菜市場賣醬菜開始的日正，到了2023年已經成為員工數超過二百人、產品外銷全球21個國家、2023年營業額上看新台幣16億元的中小企業。

如此風光耀眼的成績背後，這家經營即將進入半世紀的老牌公司，卻有幾個無法突破，偏又找不出問題在哪裡的困境。

為何報價總比別人高？

「1995年特別辛苦，」台中商專畢業、以弟媳身分加入日正的總經理李采慧回想，那年世界貿易組織（WTO）剛成立，為了爭取加入，台灣逐步開放相關產品進口，「競爭產品一直進來，日正大受影響，業績直直落……，看著訂單愈來愈少，我和先生一籌莫展，只能抱著小孩掉眼淚……」

面對困局，李采慧想改變，卻又不知從何下手。

很長一段時間，日正最常遇到的問題是：業務人員好不容易接到代工訂單，廠務報價卻讓業務無法接受。

「為什麼競品30元就可以接，我們的報價卻要40元？貴這麼多，根本沒有競爭力！」當時日正的決策單位經常這麼被夾在廠務單位和業務單位間，只能回答：「因為我們的原料品質比較好，成本就會比較高……」

「每次都這樣講，卻無法避免在市場上被淘汰的殘酷現實，」嘆了一口氣，李采慧說：「我知道，一定是哪裡出錯了！」

當時的問題，出在未能掌握報價的合理性，導致無法做出正確決策。但，為什麼會這樣？如何解決？經過思考，日正決定，從內部財

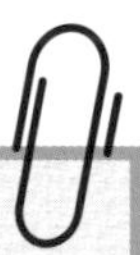

隨著產品種類多元化、加工等間接費用提高，傳統會計的製造成本分攤方式將使產品成本遭到嚴重扭曲。

——政大會計系講座教授吳安妮

關於劉慶堂

學歷　延平中學畢業

經歷　因市場改建未能取得攤位，轉而投入五穀雜糧生產，於1975年創立日正食品工業公司
1973年自軍中退伍後，曾擔任中興沙拉油業務員、之後以標會得來的5萬元，與弟弟、妹妹一起在菜市場販賣醬菜

務作業控管與落實內部稽核管理著手。

2007年，日正導入企業資源規劃（ERP）系統。抽絲剝繭後，李采慧發現：「傳統會計的成本分攤方式，並不適合日正。」

傳統會計模式將所有製造成本都以「人工小時」為基礎，分攤給產品，不論製程難易、複雜與否，但當時日正除了小量訂單以人工處理，達到經濟規模的訂單都會以機器自動化生產。

「機器生產的成本理應比人工低得多，製造成本自然也應該低得多，為什麼最後兩種生產方法的成本是一樣的？」李采慧很納悶。

她舉例說明，若一項自動化生產、製造成本每單位為10元的產品，和每單位製造成本50元的人工產線產品一起分攤成本，就會使機器製造的產品成本暴漲到30元，自然難以和競品抗衡。

找到問題之後，李采慧開始思考：若能解決人工、機器分攤成本方式相同的問題，是否就可以解決報價落差，讓日正的產品在市場上更有競爭力？

找出真實成本，提升接單競爭力

政大會計系講座教授吳安妮證實了李采慧的想法。

吳安妮指出，隨著產品種類多元化、加工等間接費用提高，傳統會計的製造成本分攤方式將使產品成本遭到嚴重扭曲。

一般經理人普遍認為，產量增加將可帶來規模經濟效益，但透過傳統會計的製造成本分攤方式得到的數據，卻是產量大的產品因工時長而分攤較多成本，因為在單一製造費用分攤法下，無法區別二者的差異，結果就是同一品項分別以自動化生產與純手工生產，計算出的訂價卻完全相同。

「這種成本失真的現象，造成廠務單位報價不準確，尤其當食品產業競爭激烈，又受到國際原物料波動影響時，業務就會發現，自家計算出來的成本往往無法與其他廠商競爭……」吳安妮坦言，ERP只能看出產品製造成本，無法從中得知業務及後勤單位成本，業務難免質疑成本資訊的正確性，導致業務、廠務衝突愈來愈大。

對李采慧來說，ERP提供的資訊確實可做為營運決策的參考，但是要讓它真正發揮作用，恐怕還需要再多做些什麼。在吳安妮建議下，她決定從策略面著手。

2010年，李采慧先在日正導入可將抽象的企業策略轉化為明確

AVM改變了日正的企業管理基因。

——日正總經理李采慧

績效指標的平衡計分卡（BSC），用以衡量、管理公司策略的執行；而當有了ERP和平衡計分卡兩個「基礎建設」後，隔年（2011）接著在業務、行政、管理，全面導入作業價值管理（AVM）。

「AVM改變了日正的企業管理基因，」李采慧形容，「長期以來百思不得其解的成本困境，在導入AVM後，就像是『終於看見隧道盡頭的一道光』，讓日正在茫茫資料大海中，找到導致問題發生的真正原因，做出可以對症下藥的理想決策。」

當AVM提出具體數據，清楚反映製造成本的分配與歸屬，就能將成本合理反映在價格上，困擾李采慧許久的成本失真問題迎刃而解，而成本透明化也有助於業務掌握報價，更有利於和客戶溝通。

改善後勤管理

李采慧記得，吳安妮曾經在政大商學院「策略成本管理——企業實作」課堂上說：「客戶也需要被教導。」「老師說，如果成本都是對的，而且都是有效率的成本，客戶就需要負擔支出……，當時我有聽沒有懂……」導入AVM後，李采慧終於了解吳安妮所言為何。

她以日正代工生產HALAL（清真）認證的炸粉為例指出，當時為了在激烈競爭中爭取到一家企圖進軍伊斯蘭教國家市場的客戶，日正必須整理出一條符合清真認證的生產線，因此，生產線上所有食材原料、添加物及產品，都不能含有任何禁忌成分。

「這個犧牲有點大，」李采慧忍不住搖頭說：「為了清真認證，所有和豬有關的產品，只要有豬油、豬骨、豬皮原料、添加劑等，都不能在同一個工廠生產，日正甚至為此將一款濃湯粉的配方從豬骨改成雞粉，這些都是客製化服務造成的隱藏成本。」

然而，取得清真認證，增加了日正產品的附加價值，又因為AVM讓成本透明、有具體數據，有利於業務和客戶溝通，在原物料

日正導入AVM步驟

時間	工作重點
2005年	導入ERP，將公司資料數據數位化
2010年	導入平衡計分卡，提出具體績效考核指標
2011年	從業務、行政、管理三管齊下，全面導入AVM

飛漲之際，仍舊可以爭取到較好的價格。

不僅如此，由於AVM讓每項成本有所歸屬，李采慧發現更多後勤成本消耗的原因，進而對症下藥，提出改善對策。

例如，當時日正的會計部門從AVM發現，某客戶每週專車出貨一次、專車送達，然而運送距離遙遠，出貨量又不大，累積下來的貨運成本驚人。後來，運用AVM統計出具體數字，日正就能夠和客戶協議，減少出貨次數、增加每次的出貨量，甚至後來進一步商討，雙方同意以「回頭車」降低運費成本，達到雙贏的局面。

「這次的經驗讓我了解，AVM可以看到很多經營客戶過程中的隱形成本，該節省、該控制的就先去節省、控制，真的不得已時，只要提出證據，就可以說服客戶調整價格，」李采慧分享她的AVM心法，同時強調：「但是，在漲價前，一定要先做到降低成本。」

成本與價值必須相當

代工為日正主要業務之一，但日正經營團隊過去有幾個刻板印象，例如：大企業就是好客戶，或是接到大訂單就表示公司營收會增加……

然而，一段時間過去，大客戶確實為公司帶來不錯的收入和毛利率，但李采慧總感覺「利潤並不高」，讓她很困惑。

到底大客戶帶來的利潤是多少？

公司該如何與大客戶溝通，並訂出合理的價格？

如果遇到賠錢的大客戶，要怎麼拒絕對方才不會打壞關係？

李采慧開始認真思考，並且做出一個勇敢的決定。

日正長期為一家全台最大零售通路商代工麵粉、太白粉、鬆餅粉等各種粉類產品，訂單量大，帳面上看起來業績非常好，在營收占比中也相當吃重。

甚至，李采慧坦言，為了維持這個超級VIP的訂單，日正不僅得壓縮利潤，有時還賠本提供服務……

為了追求營收、規模最大化而壓低成本接單，甚至利潤遭嚴重侵蝕的命運，終於在導入AVM後翻轉。

AVM精準計算每個客戶、通路或產品成本各耗費企業多少資源，接著對照價值標的實際創造的營收或利潤，就可以知道「成本」與「價值」是否相當。

最後，日正發現，「超級VIP」讓公司每年虧損一千多萬元。

連續幾年虧損、談判調價未果，有了AVM報表資料做為決策的

如果成本都是對的，而且都是有效率的成本，客戶就需要負擔支出。

——**政大會計系講座教授吳安妮**

依據，日正終於有底氣破除「大客戶就是好客戶」的迷思，毅然拒絕這個超級大客戶過於低價的代工訂單。

「訂單當然立刻被競爭對手拿走了，」李采慧無奈地說，但吳安妮告訴她：「只要成本算出來是對的，客戶很快就會再回來。」果然，兩年後，競爭廠商因為不敷成本放棄訂單，超級VIP回頭，願意和日正好好談條件，希望重新合作。

解析無效工時，讓資源有效運用

AVM讓日正看到虧損客戶的問題點，同時也使管理決策單位了解內部作業失敗成本發生的原因，提升管理績效。

「未導入AVM之前，員工平常在忙些什麼？業務人員整天出門在外都和哪些客戶見面？貨車司機幾點送完貨？為什麼花費比平常更久的交通時間？」李采慧坦言，因為無從掌握員工狀態，前述這些問題，都是大哉問。

導入AVM後，她指出，為了蒐集工作細項的實際工時而採行的「工時系統」，員工必須盡可能填寫上班八小時的工時與工作內容，據實說明一天做了哪些事，例如：9:00至12:00見甲客戶、13:30至15:00寫估價單等。這些內容，正好可以回答前述問題。

管理者為何需要知道每個員工、每個小時的工作內容？是否太枝微末節？

「這是要找出無效工時，」吳安妮解釋，當人力成本清楚分攤在各項專案中，各部門主管得以了解部門員工工時、工作內容間的關係是否合理，就能改善作業流程、提高工作效益。

「業務在哪裡？花多少時間服務一個客戶？司機從A公司送貨到B公司花費多少交通時間？」這些曾經讓李采慧非常困惑的疑問，都在AVM分析下一覽無遺。

她舉例，AVM報工系統發現，某位會計每天花五個小時切傳票，也發現有司機送完貨後藉機延遲不回公司，「這些都會為公司帶來額外成本，但以往的會計制度無法顯示這些成本，管理階層根本無從得知，員工也不易察覺自己的行為對公司成本造成多大影響。」

經過「填工時是在監視我有沒有認真工作」、「我已經很忙了怎

日正導入AVM效益

目標	成果
解決傳統會計成本造成業務接單的判斷失真	找出真實成本，接單更具市場競爭力
分析個別客戶的經濟效益成本	用數字說話，更有勇氣拒絕超級VIP客戶
找到隱藏成本	使公司資源獲得適當配置

AVM可以看到很多經營客戶過程中的隱形成本。

——日正總經理李采慧

麼可能花時間填工時」等員工質疑之聲頻頻的陣痛期，李采慧宣布：「包括我在內，公司每個人都要填工時。」同時，她也費心與員工溝通工時系統的意義，逐漸解除員工戒心，工時系統愈來愈準確。

效益，在此展現。

以業務單位為例，在報工系統上軌道後，不只省下了6%的時間得以開發新業務，銷售主管更從業務人員填寫的工時紀錄分析，將客戶分為三等級，鼓勵業務多照顧A級客戶來增加業績、縮短投入在B級與C級客戶的工時，轉而開發新客戶。

調整銷售策略

AVM甚至改變了日正業務部門的銷售策略。

李采慧透露，日正曾經引進一款非常知名、業務人員不用花太多時間及精神就能獲得訂單的品牌沙拉油進行銷售。儘管該產品毛利率低，但因為業務訂單好看，所以日正一度大量販售該品項；然而，導入AVM後，報表卻顯示，該產品不只毛利率低，還造成公司不小的虧損。換言之，銷售這項產品，對公司獲利貢獻有限，但有助拉抬公司品牌形象。

面對這種情況，日正應該如何取捨？

經過內部討論，日正決定繼續販賣該項品牌沙拉油，但減少行銷強度；同時，另外搭配一款知名度較低，但利潤較高的沙拉油來優化銷售結構。

如此一來，產品業績只有原來的三分之一，但整體毛利率結構改善了三倍之多。

日正從2011年全面導入AVM，經過磨合、陣痛期，逐漸開花結果。2014年，業績成長123%；隔年，業績又在已經成長123%的基礎下，再創造出成長35%的佳績，產品毛利率也成長48%，帶動全公司的油品銷售獲利增加5倍；2015年至2017年的另一支主力商品冬粉，業績更成長了4.7倍。

至於新客戶數量，光是2015年就增加了287家，至2023年日正已有超過五千位客戶，產品外銷全球21個國家。

結合開放資料，提早布局產線

拿出漂亮的成績單，李采慧開始有更大的夢想：AVM可以幫我們「往前看」嗎？

答案是：可以！

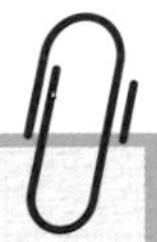

當人力成本清楚分攤在各項專案中，各部門主管得以了解部門員工工時、工作內容間的關係是否合理，就能改善作業流程、提高工作效益。

——政大會計系講座教授吳安妮

2018年，日正建置「預測系統平台」輔助AVM，利用開放資料（open data），以更宏觀、敏銳、精準的數據，成功為自家產線提早布局。

「快銷產品特別需要預測，」李采慧指的是成本較低、需求及銷售量大、需要不斷購買的快速銷售產品，客群以普羅大眾為主，是人人每天需要用到的民生消費品。

這份努力，在2021年開花結果。

那年初冬，全台氣溫仍偏高，市場預估將會是個暖冬年，火鍋、保暖、防寒等相關民生產業，莫不是以保守態度觀望，但日正從預測的資料得知，海平面溫度正在下降，估計氣溫將持續下探，甚至迎來冷冬。

「在競爭對手普遍認為暖冬應該減少鍋物商品產量時，日正逆向操作，提高火鍋必備的冬粉訂單數量，加速生產。果然，兩個月後，氣溫驟降，火鍋相關產品熱銷，冬粉供不應求，」李采慧難掩驕傲地透露：「這次的精準預測，讓日正的業績比往年同期成長了11.18%！」

變身綠色工廠

「AVM也可以讓日正對地球更有貢獻嗎？」李采慧再問。在吳安妮的協助下，日正從2017年開始討論全球倡議的永續發展目標（Sustainable Development Goals, SDGs）相關議題。

日正的主要產品——冬粉，生產過程需要使用的水多達一天110公噸，因此，李采慧決定從這項產品踏出第一步，重新檢視生產環境與流程。

2020年，日正將冬粉廠的排放水淨化；2021年，又再善用生產

AVM讓日正賺到管理財，在大數據迅速發展的時代，又讓日正找到翻轉的力量。

——日正總經理李采慧

AVM不只有助企業理解財務狀況，也可協助企業重新檢視生產環境與流程，實踐資源循環與永續。圖為日正「蚓魚菜共生系統」。

過程中多餘的原料、添加物等「下腳料」及廢水生物汙泥，建置「蚓魚菜共生系統」，藉由蚯蚓進行分解及消化，使水中廢棄的有機質轉化為營養豐富的有機肥和土壤改良劑，做為蚓魚菜養殖系統營養的供給來源。

「這套水資源處理系統，使冬粉生產線達到零汙染、零排放、零廢棄，甚至打造出循環經濟模式，讓日正變身成為實踐資源循環與永續的綠色工廠，」李采慧自豪地說。

站上數位轉型的浪頭

善盡社會責任之餘，回歸AVM的管理會計層面，廢水改善前後的效益同樣十分顯著。

李采慧指出，以水處理費用為例，每年節省36萬元、汙泥曬乾跟土地成本一年減少24萬元、有機汙泥處理費一年降低28萬元，下腳料與回收過期食品處理費用則是一年也少了60萬元，合計每年減少148萬元成本支出。

完成蚓魚菜共生系統後，日正又成立「循環經濟推動小組」負責永續的策略規劃，結合AVM和ESG，希望藉由不同階段的數位轉型整合，讓經營管理逐步到位，部署「永續培力」，達到環境保護、社會責任和企業治理的目標。

日正的努力很快被看見，在2022年獲得第十八屆《遠見雜誌》「CSR暨ESG企業社會責任獎」的傑出方案循環永續組的中小企業特別獎。

事非經過不知難，事要經過才知樂。帶領日正走過這一段AVM之路，李采慧微笑著說：「AVM讓日正賺到管理財，在大數據迅速發展的時代，又讓日正找到翻轉的力量。」即將邁入半世紀的日正，正以全新姿態，站在數位轉型最好的浪頭上。

採訪整理／朱乙真．攝影／黃鼎翔

導入AVM後，普祺樂營運效率提升，感受到原來用對方法，真的可以讓每個客戶都成為賺錢的好客戶。圖為普祺樂總經理張深閔。

通路服務

普祺樂
大客戶必然就是好客戶？

明明接到大訂單，企業獲利卻沒有顯著提升？
營收占比高的大客戶，卻是公司虧損的主因？
普祺樂透過 AVM 找出痛點，走向數位化管理，
掌握資源投放主導權，讓每個客戶都成為賺錢的好客戶。

為什麼明明接到大訂單，企業獲利卻沒有隨之提升？如何精準配置資源，讓不賺錢的客戶都變成好客戶，達到雙贏局面？創辦於1999年的普祺樂實業，就跟許多中小企業一樣，也曾被這些難題，深深困擾。

普祺樂總經理張深閔以服務全聯起家，如今已成為各大品牌進軍全聯的重要通路服務商，主要提供客戶商流、物流、金流與商化等四大服務。從選品、上架到陳列美化，都是主要業務。如今，走入全聯，走道兩側貨架中琳琅滿目的商品，有不少都是普祺樂服務上架的產品。

認識普祺樂

成立時間	1999年
負責人	張深閔／總經理
AVM導入負責人	張深閔
主要業務	全聯等大型通路服務商，為國內外品牌提供商品美化陳列、產品企劃與銷售等服務 2013年時，推出自有品牌「全新穀堡」
員工人數	103人
營業額	4.8億元（2021年）

但回顧張深閔創業二十四年來，前半段十幾年，成長非常有限，直到2013年，營業額仍不到一億元。直到因緣際會遇到了政大會計系講座教授吳安妮，從此不僅翻轉他的企業，還改變了他的人生。

成為品牌商進軍全聯的最佳夥伴

張深閔是彰化人，自認從小不愛讀書，從崇右企業管理專科學校畢業後，因緣際會到通路的品牌服務商工作，開啟他的專業之路，之後自立門戶創業。然而，沒有學習過任何管理知識的他，初期只能土法煉鋼，事業怎麼做也做不大。

後來，在客戶日正食品現任總經理李采慧引薦下，張深閔到政大上吳安妮的作業價值管理（AVM）課程，頓時茅塞頓開——他突然間了解，經營事業必須先思考使命、願景、價值觀，從此他愛上了學習，一路就讀政大商學院的創業主班、EMBA，現在年約六十歲，還在就讀清華大學博士班。

過去自認不愛念書的張深閔，如今成為最用功的人。

在接觸吳安妮的AVM後，他開始學習導入，從2016年開始引入數位App，營收數字從2013年的不到一億元，到2022年時，營收已達28億元，扣掉代收代付，服務收入約達4.8億元，獲利更突破1.6億元，較2016年翻了近三倍。

隨著全聯版圖不斷擴張，普祺樂的規模也從創業初期的六位業務員，成長至擁有超過八十個業務員，服務範圍擴及全台上千家的全聯門市。

然而，公司規模擴大，經營難題也接踵而來。

在普祺樂創業的二十四年間，其實曾遭遇幾次難以突破的瓶頸，而能夠精準揪出隱藏成本、提升營運績效的AVM制度，便是公司突圍成長的通關密鑰。

缺乏管理知識與標準作業流程

回顧當年，從一人公司起家，張深閔憑著踏實肯做的服務精神、與全聯的長期合作關係，在通路服務業中逐漸站穩腳步；但是，相較於資金雄厚的同業，沒有「富爸爸」的普祺樂成長緩慢，難以服務年營業額十億元以上的大型廠商。

一般企業在導入AVM時，最常碰到的挑戰是IT系統嫁接的問題；普祺樂最有智慧的地方，就是先開發出App蒐集員工的工時數據，可以直接對應到AVM系統。

——政大會計系講座教授吳安妮

關於張深閔

學歷　清大科技管理博士班（就讀中）
政大EMBA碩士
基隆崇右企專

經歷　1999年創立普祺樂，成為全聯的供貨商與通路代理商
1987年進入海空貨運產業

此外，團隊都是跟著張深閔打拚多年的資深幹部，經驗豐富且向心力高，但創業前十幾年，缺乏先進的管理知識和標準化作業流程。這個弱點，在公司成立初期尚不明顯，因為當時規模不大、代理的產品數量少，尚可靠著人治運作。

然而，隨著普祺樂代理的產品多達百項，又必須服務成千上百家門市，便亟需一套更有制度的工作流程，才能有效促進服務效率，幫助公司擴大服務產能。

2013年，帶著滿腹疑惑及力求突破的企圖，張深閔踏入政大商學院「策略成本管理——企業實作」的課堂。

「第一次理解到，企業經營必須有策略，」他忍不住感嘆：「以前我就像一個武將，只會拿刀廝殺，從來沒想過公司要有使命、願景及價值觀，才能知道未來要往哪裡去，以及現在該做什麼。」

經過一學期的討論，普祺樂最終淬煉出「成為廠商進軍全聯第一選擇，踏入其他通路的最佳夥伴」做為自己的願景。

為了達成這個目標，迫在眉睫的問題，就是要提升服務品質與速度，讓客戶立即有感。

恰好，在課堂上，張深閔聽到曾為超商設計App的學長、威納科技創辦人莊澤群提出，可利用手機讓業務員打卡上、下班及請假的構想，他靈機一動，聯想起自家長期面臨資訊不夠即時、透明，讓上游客戶產生質疑與不信任的問題。

「如果可以用App即時回傳畫面等資訊，讓客戶時時掌握最新進度，一定可以提升滿意度，」張深閔說。

2015年開始，張深閔便和威納共同研發「業務王」App，梳理業務服務流程，訂出明確的執行標準，並且透過數位化工具，提升管理效率。

開發App，跨出數位轉型第一步

提升客戶滿意度，的確是普祺樂的首要目標。

過去，常有廠商巡視店面時，發現貨架上空空如也，回頭質疑業務員沒有做好補貨工作。

可是，「其實業務可能才剛補完貨，剛好被消費者搶購一空，這不是該開心嗎？」張深閔無奈地說。

當時，普祺樂是採用人工上架後拍照存證並歸檔，廠商要等到次月才能看見報告，因此造成這些誤解與不信任；此外，書面分派任務

AVM與App結合，不僅可以快速找到工作流程的問題，主管也能據此提出解決方案，大幅提升團隊績效。

——普祺樂總經理張深閔

的模式容易造成效率低落。

「我們代理的品項有上百樣，業務光是翻報表就要花費許多時間，」張深閔期待，透過App縮短業務工作流程，幫助公司走向數位化管理與轉型。

張深閔的理想實現了。業務員只需要打開手機，就能確認當日行程與工作內容；抵達門市後，App便會自動打卡，同時顯示該門市的庫存狀態及任務；補完貨、做好商品美化後拍下照片，系統便會自動將照片回傳給對應的廠商，就連照片拍得不符標準，App也會即時要求修正。

換言之，透過這個工具，不只讓業務員能夠一次就把事情做完，省下事後整理報告的大量時間，還可以讓客戶零時差體驗到普祺樂的執行力。

另一方面，業務員一旦離開門市，App會自動打卡離開，讓主管清楚掌握每位業務員的工時、進度，以及花在某個客戶的時間及費用，更客觀地達到績效管理需求。

凝聚共識，提升工作效率

科技始終來自於人性，App的功能再強大，還是要回歸使用者層面，而員工的反彈也可能在此時出現。

2015年，普祺樂便面臨了這樣的挑戰。

「員工覺得公司派了一個間諜到他身邊監視，」張深閔坦承，當時在開發階段，曾遭遇強烈的內部反彈，但他親上火線，誠懇地持續溝通，不只找來業務部門開會協調，聆聽第一線外勤人員的痛點，也

普祺樂導入AVM步驟

時間	工作重點
2013年	策略形成期，導入平衡計分卡，制定公司使命、願景及價值觀
2015年～2016年	導入「業務王」App，業務打卡、任務執行、成果回報皆整合至雲端
2016年	接軌AVM系統，將作業時間與會計數字結合，進而計算出產品與顧客的利潤

通路服務最大的成本是人，AVM的導入讓普祺樂的人員管理更加優化細緻。

——普祺樂總經理張深閔

不厭其煩描繪使用App工作的好處。

他舉了許多例子向業務人員說明，譬如，業務員平日在各門市間奔波，常要等到週末才有時間整理報告，這時早就忘記照片是在哪家門市拍攝，還要花費額外時間回想細節，反倒費時費力；同時，他也不忘祭出「業務獎金加倍」的「胡蘿蔔」，用滴水穿石的耐心改變員工思維，鼓勵同仁朝向共同目標邁進。

隨著App在2016年上線，員工立即感受到新工具的便利，包含貨品上架與回報速度提升、不用再花額外時間整理報告，業務部門的加班時間因此直線下降……，而App的自動打卡功能，也讓員工不再因為忘記打卡而影響薪資權益，「我們真正做到把時間還給同仁，」張深閔自豪地說。

導入AVM，一舉抓出隱形成本

然而，當普祺樂的人員效率提升、客戶數量增加，營收也隨之成長，「奇怪的是，獲利卻沒有增加，」張深閔百思不得其解。

恰好，2016年，吳安妮開發出AVM系統，可整合企業資源規劃（ERP）、產品生命週期管理（PLM）、製造執行系統（MES）、標準作業程序（Standard Operation Procedure, SOP）、全面品質管理（TQM）等所有管理系統的數據，計算出各部門、每項作業、每種策略方案對公司獲利的淨貢獻。

「一般企業在導入AVM時，最常碰到的挑戰是IT系統嫁接的問題，」吳安妮指出，「普祺樂最有智慧的地方，就是先開發出App蒐集員工的工時數據，可以直接對應到AVM系統。」因此，普祺樂在App上線後不久，又順勢導入AVM系統，果然有所斬獲。

過去，張深閔一直認為，接到大訂單就代表公司的營收會增加，卻沒想到，業務員為了服務大客戶，耗費許多時間提供客製化服務，但是這些成本卻難以反映在報表上，導致帳面上營收增加，獲利卻沒有提升。

AVM就像最厲害的水泥工師傅，無論屋頂哪裡漏水，再小的洞都可以抓出來。

——普祺樂總經理張深閔

後來，普祺樂導入AVM制度且產生報告，將員工作業時程，搭配停車費等管銷費用、商品利潤、退貨率等資訊，交叉比對後，發現：「原來公司有這麼多隱形的成本黑洞。」也是在那個時候，他才知道，即便只是更換一張看似簡單的標籤，都可能造成公司的損失。

成本不高的標籤，為何足以造成公司的虧損？

原來，因為通路門市檔期時常更新，只要有新的活動，業務就要隨之更換特價小卡，但過去業務必須等待賣場經理印好特價標籤才能作業，卻常因對方工作繁忙而連帶被壓縮時程，需要加班趕工。

發現問題之後，張深閔拍板，調整為由公司自行印製特價卡，「雖然每個月會多花十幾萬元，但節省的時間成本絕對更高。」他以此說明，AVM與App結合，不僅可以快速找到工作流程的問題，主管也能據此提出解決方案，大幅提升團隊績效。

此外，「通路服務最大的成本是人，AVM的導入讓普祺樂的人員管理更加優化細緻，」張深閔強調。

AVM後台蒐集了業務到站率、照片繳交率、缺貨率等各式關鍵績效指標（KPI）數據，再根據員工的績效與利潤排名，誰的表現更好、誰時常摸魚出錯，全都一覽無遺。從此，以往「吃大鍋飯」的心態不再，主管也不用再憑印象分數評考績，而是真正讓數據說話，讓表現傑出的同仁獲得相應的回報，有效激勵團隊士氣。

不僅如此，張深閔還會組織團隊共學，由績效資優生的業務員分享自己的工作方法，幫助後段班同仁快速吸收他人智慧，轉化為個人成長的養分。

但是AVM真正帶來的顛覆，是張深閔根深柢固的「大客戶等於好客戶」的既定思維。

展現服務價值，創造互利共生

直到AVM報表的各項數據攤出來，張深閔才驚覺，某個占公司近20%營收的大客戶，光是半年的虧損就超過五百萬元，「我從其他

普祺樂導入AVM效益

目標	成果
提升員工績效	數據化管理業務KPI，提升客戶滿意度
提高客戶價值	數據反映成本、提高服務附加價值，把產值不好的客戶變成好客戶
強化成本控管	交叉分析員工工時、管銷費用和商品利潤，找出並改進問題
優化決策品質	依據數字回饋調整方針，使決策更有底氣

客戶身上賺來的錢，都拿來養大客戶，收入看似很高，其實賠得更多！」

張深閔和團隊層層抽絲剝繭，才發現公司最大的經營痛點，在於服務成本過高。

在激烈的市場競爭下，中間商的生存空間長年遭到擠壓，「上游廠商和下游通路商就像是兩把刀砍向我們，」張深閔自嘲，電子業代工的利潤是「毛三到四」（毛利3%～4%），通路代理商卻是「說一不二」（毛利1%～2%）。上游客戶要求日益嚴苛，時常接收到廠商的質疑與客訴，服務成本節節上升，經營利潤卻愈來愈微薄。

他舉例，只要外商客戶的經理要來台巡視市場，普祺樂便需要出動業務副理、主任，再加上主責業務，共三人陪同，且動輒耗掉半天工時。

「過去會覺得對方是大客戶，服務它是應該的，」但是透過AVM將工時換算成作業成本後，張深閔感嘆，原來公司可能會為了只占淨利10%的大單，放掉看似不起眼，但可創造90%獲利的客戶。

賠錢的生意無人願意做，張深閔大可選擇砍掉不賺錢的客戶，「但我們應該要想辦法改善流程，讓每個客戶都變成賺錢的客戶，」張深閔笑著說，AVM就像最厲害的水泥工師傅，無論屋頂哪裡漏洞、漏水，再小的洞都可以抓出來。

由於AVM的成本與利潤分析客觀明確，找出效益不高、會造成高額成本的服務項目後，張深閔便能有理有據說服客戶改善作業方式與流程，例如，業務員不再跟著客戶一家一家巡店，而是事先約定好時間在門市會合，進而減少交通時間，「這樣的溝通方式，目前沒有客戶拒絕過。」

甚至，張深閔想得更加長遠，AVM也可做為公司決策的重要指標，「如果真的會賠錢，客戶又不願意調整預算，我們也更有底氣拒絕。」

吳安妮認為，AVM對普祺樂最大的貢獻，是幫助過往處於上下游夾縫、人人都想砍價的中間商打開一扇新的大門，明確展示自身的服務幫客戶創造多少業績、省下多少時間，而當有了實際的數據，如果客戶不認同，普祺樂也可拿回主導權，選擇將資源投放在其他客戶身上，「這很符合ESG時代的精神，大家都要是贏家，才能互利共生。」

領導人親自上陣，才能推動變革

進一步分析普祺樂為何一路從App開發、AVM系統導入都能大獲全勝，「關鍵在於老闆有沒有決心，」吳安妮觀察到，張深閔的改革意志非常堅定。

在長達一年的App開發階段，光是設計定位打卡、進出店面時間戳記就已嚴重影響團隊士氣，但張深閔始終沒有鬆口放棄，他不只親自帶著主管參與每次的App開發會議，還要求財務、業務等主管一同參與吳安妮在政大的課程。

「因為我要讓同仁知道，老闆就是要做這件事，這就是公司未來

AVM對普祺樂最大的貢獻，是幫過往處於上下游夾縫、人人都想砍價的中間商打開一扇新的大門，明確展示自身的服務幫客戶創造多少業績、省下多少時間。

——政大會計系講座教授吳安妮

的方向」，始終掛著謙遜笑容的張深閔，唯獨在此刻顯露出霸氣。

即使團隊對App的功能各有意見，遲遲無法上線，但他獨排眾議，寧可讓App先行上線，再持續改善系統功能，因為他深知，改變難以一步到位，穩紮穩打的策略，更適合資源有限的普祺樂。

撐過轉型的陣痛期後，自2016年至2021年，普祺樂業務員的年營收平均貢獻度一路從245萬元攀升至533萬元；也因為資訊即時更新，讓團隊能夠立刻回應調整，服務客戶家數也從23家快速成長至45家。終於，普祺樂的營收、獲利同步成長，2021年營收達4.8億元，獲利則突破1.6億元，較2016年翻漲近三倍。

提升通路價值，布局AI轉型

儘管業績亮眼，但通路去中間化的趨勢，仍讓張深閔對未來充滿危機感，時時思索如何創造普祺樂的差異化及不可取代性。

透過數位升級轉型，進一步跨足AI數據領域，便是他正在布局的未來藍圖。

經由App及AVM的系統分析，如今普祺樂已可做到洞察市場樣貌與消費者需求，進而協助客戶調整產品策略與通路布局。

成功案例之一，便是某個食品客戶，原本想要主推單價更高的370毫升大瓶裝香油，但普祺樂分析數據後發現，賣場的客單價呈現下滑趨勢，且單身貴族、小家庭眾多，應改為販售50毫升的小包裝產品。一開始，客戶半信半疑，但是當普祺樂將兩種容量的產品一併上架，小包裝的香油果然立刻成為熱銷品，客戶從此便對普祺樂的專業與服務更有信心。

但張深閔的企圖心不只於此。在數據為王的時代，他很清楚自己手上數據的含金量。

「外商公司喜歡向市調龍頭AC Nielsen買資料，卻始終拿不到全

要做到世界級的服務，就是要讓服務全面結構化，以及更精準化。

——普祺樂總經理張深閔

聯的數據」，張深閔直言，身為中間服務商，普祺樂擁有超過百萬筆的上游廠商與門市通路數據，至今還未妥善運用。

他進一步說明，像是業務員每日上傳的照片，未來若加上影像辨識功能，就能幫客戶比較分析競品的狀況；另一個可能性，則是結合銷售、庫存及產品等資訊，應用在產品生命週期管理的AI，例如，某罐奶粉接近效期時，便可自動跳出提醒通知。

為了持續鑽研AI的未來應用場域，張深閔進一步前往清大攻讀科技管理研究所博士班，探索公司數位轉型的下一步。

「要做到世界級的服務，就是要讓服務全面結構化，以及更精準化」，他有感而發地說。從App、AVM到AI運用，普祺樂的升級之路才剛要寫下精采的下一章。

採訪整理／王維玲．攝影／賴永祥

旭然國際董事長何兆全（中）指出，決定導入AVM的關鍵，在於它可以改變企業思維、精進作業流程。左為集團資深顧問吳玲美、右為子公司旭雅生活執行長何宜臻。

製造業

旭然國際
業績很好，為何淨利卻是負的？

提供客製化設計，是旭然的強項。
然而，有些大客戶卻讓公司賣愈多、賠愈多，為什麼？
藉由導入AVM，旭然找出客戶與損益的關聯，
也讓營運績效提升了3.5倍。

水，是生命的起源，更是價值堪比黃金的產業資源。在環境保護、社會責任、公司治理（ESG）的永續浪潮下，企業對於綠色製程、廢水回收率與再生水應用日益重視。

根據研究機構Meticulous Research預測，自2019年到2025年，全球水和廢水處理市場將以6.5%的年複合成長率增長，到2025年將達到2,113億美元（約新台幣6.85兆元）。

全台過濾產業中唯一掛牌上櫃的旭然國際，正是永續趨勢下的受益者，2022年全年營收達6.99億元，並已連續六年改寫新高紀錄。

比營收更亮眼的，是旭然星光熠熠的客戶陣容——從半導體大廠

認識旭然國際

成立時間	1985年
負責人	何兆全／董事長
AVM導入負責人	何宜臻／旭雅生活執行長
主要業務	銷售工業過濾產品、商用及家用過濾產品、紫外線殺菌機、薄膜材料及PP纖維材料
員工人數	265人
營業額	6.99億元（2022年）

台積電、可口可樂、夏普（Sharp）、派克公司（Parker）、美國頁岩油開採商，甚至是美國核電廠的冷卻水系統，都指名採用旭然的過濾設備、濾心或濾材薄膜。

「因為我們不只是賣單一產品，而是能夠為客戶提供完整的過濾解決方案，」旭然創辦人暨董事長何兆全自豪地說。

他和妻子吳玲美，在1985年創立旭然時，原本只是一個代理國外過濾設備的貿易商，2002年因代理權遭收回，索性自創品牌「Filtrafine」，從研發、設計、生產、銷售服務到系統整合，全部一手包辦，針對客戶提出的困難要求，旭然都能客製處理，如今客戶已遍及中國大陸、美國、日本、新加坡、越南、馬來西亞等地及歐洲國家。

重新思考毛利的意義

回顧旭然的發展歷程不難發現，公司之所以能夠在全球激烈的競爭中站穩腳步，與掌舵人何兆全、吳玲美夫妻居安思危，終身學習的成長思維脫不了關係。

何兆全在2017年完成台大EMBA學位後，緊接著又以65歲高齡申請到淡江大學化學工程與材料博士班，深耕薄膜過濾材料技術，尋求再突破的可能。

吳玲美的好學也不遑多讓，她在2016年進入政大EMBA全球華商班，因而接觸到會計系講座教授吳安妮的作業價值管理（AVM）

架構（當時稱為作業基礎成本制度〔ABC〕），「我覺得很適合導入公司，就請何董（何兆全）也來聽。」

當時旭然剛成功上櫃，亟需提升營運管理效率，加速營收成長，然而傳統的觀念往往認為，銷售價格減掉製造成本的差額，就是產品毛利。

但，真的是這樣嗎？

何兆全回憶，當吳安妮談到日正食品在導入AVM之後，除了製造成本，也能整合業務、行銷的工時與成本，分析出每個產品或客戶真正耗用的成本。「我一聽就覺得很驚豔！」他隨即細思，若能導入AVM，或許便能改善公司體質及員工行為模式，一舉解決成本控管、報價不夠精準，以及交期過長的問題。

決定導入之後，吳玲美便帶著六位高階主管，跟著吳安妮先上了四個月的培訓班，2017年正式開始導入。旭然集團子公司旭雅生活執行長何宜臻，便是AVM的專案統籌負責人。

強化溝通，調整流程

導入AVM時，旭然選擇分階段投入，一開始是在涵蓋研發、設計、生產及銷售的台灣總部先試行，「因為導入AVM需要龐大的資源，因此希望先培養出足夠的種子人員，等到第二階段再擴及海外公司，」何宜臻說，「為了讓同仁知道公司的決心，我們還開過一次誓師大會。」

關於何兆全

學歷　淡江化材所博士
台大EMBA碩士

經歷　1985年與太太吳玲美創立旭然國際，現任旭然國際董事長
曾任中石化化學工程師、中鼎建廠設備副工程師、啟台貿易專案經理

沒想到，意外還是發生了。

照理說，旭然的主管們都已經上過課程，了解理論架構與工具，還有AVM外部專業團隊協助，推行起來應該較為順利，但「一開始，同仁反彈很大……」何宜臻透露，相較於過去的工作報表，業務人員現在不能只是填寫上午、下午各拜訪了哪些客戶，必須分別填寫出發、交通、抵達及離開時間，許多人腦中浮現的念頭是：「公司想監控我有沒有認真工作。」

不僅如此，業務拜訪半導體、電子廠等客戶時，通常必須在櫃檯就先交出手機，自然也無法使用記錄工時的威納科技App「業務王」，「最後只能土法煉鋼，改用Excel表，」何宜臻無奈地說。

此外，旭然原本已經有企業資源規劃（ERP）和客戶關係管理（CRM）等系統，員工每天填寫工時、日報、週報、月報等各式資料，就需要至少一小時，再加上導入AVM的資料需求，許多員工反映工作負擔增加，或是乾脆隨意填寫，導致資訊蒐集不夠確實。

IT系統的整合與分析，又是另一個大工程。例如，光是要計算員工的工時，就必須整合Excel、ERP、華致資訊的工時表等資料，同仁每個月還要向不同部門跟催資料，增加作業時間。

面對諸多摩擦與意見，吳玲美親上火線與員工溝通，說明報表真正的效益在於釐清工時分配，找出可精簡或調整的流程，共同提升團隊效率；同時間，在AVM顧問協助下，旭然也重新檢視公司現有報

旭然導入AVM步驟

時間	工作重點
2016年	策略形成：由吳玲美帶領六位主管接受培訓，並確立公司使命、願景及價值觀
2017年	內部溝通：確定導入部門及種子人員培訓，與專業外部團隊顧問合作建立AVM實施制度
2018年	問題釐清與解決：針對成本控管、報價不夠精準，以及交期過長的問題，找出根因並提出改善方案
2019年	重新調整：根據公司未來的發展與資源，重新思考AVM下一階段做法

表與管理制度，發現「其實很多報表都是重複的資訊，我們也去思考是否有簡化、合併的可能，」何宜臻表示，經過流程調整，同仁填表的時間大幅縮短至20分鐘。

打破訂單大、獲利高的迷思

當員工開始適應新系統之後，旭然便開始針對產品的效益進行分析，找出客戶與產品真正的損益關係。

沒想到，報表一拉出來，竟是令人吃驚的「滿江紅」，團隊赫然發現，某款銷售業績一直很不錯的產品「E001」在納入管理及顧客服務成本資訊後，2017年至2018年的平均淨利率居然是負34%，國外市場的虧損率更高達36%。「怎麼會這樣」的疑惑，在大家心中揮之不去。

進一步分析，何宜臻發現，這款產品在國內市場的定位是高階產品，採取直接銷售給終端客戶的模式，且售價較高，但是因管理成本過高，導致產品無法獲利，淨利率只有負8%；再加上，在國外，那款產品是透過代理商銷售，不只銷售金額低於國內市場，且受到匯率變動影響，又導致虧損進一步擴大。

透過AVM釐清問題根因之後，旭然先是回頭盤整國內市場的管理流程，逐步優化並降低成本；接著，再針對國外市場修正訂價，最終成功達到國內市場的獲利目標。

「若沒有AVM報表，我們就會一直覺得這款產品訂單很多，陷入

『自我感覺良好』的幻覺，」何宜臻分享導入AVM帶給團隊的第一堂震撼教育。

大客戶、老客戶，必然就是好客戶？

產品個別的效益分析只是起點，AVM成員繼續探究後發現，「E001」在國外不同市場的銷售表現參差不一，其中又以馬來西亞市場的虧損金額最高，不只製造成本率高達164%，客戶服務成本甚至高出平均5倍乃至7倍，等於愈賣愈賠。

發現問題後，旭然開始評估產品訂價是否合理，也針對馬來亞西代理商的服務成本進行探討。經過交叉分析業務人員效益，團隊驚覺，業務居然花了95%的時間在馬來西亞客戶身上，新加坡與泰國客戶只分到不足5%。

為什麼會這樣？

原來，馬來西亞代理商對產品的要求較高，若遇到安裝或客訴問題，必須出動一至二位業務飛到現場協助，「有一次同仁還因此在尾牙缺席，」何宜臻記憶猶深。

「我們是貿易起家，銷售服務是我們的強項，」何兆全強調，旭然不只是單純製造和銷售，更能夠針對不同客戶提供客製化設計，因此客戶黏著度極高，甚至不乏合作超過三十年以上的客戶；但是從另一個角度來看，客製化也意味著製造與服務會更為複雜，進而墊高成本，可是之前旭然並沒有將服務成本納入產品訂價考量，直到AVM

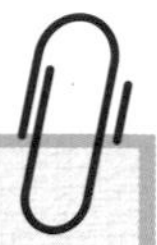

思維的改變及作業流程的精進，正是旭然決意導入AVM的重要目標。

——旭然董事長何兆全

報告攤在眼前，他才意識到問題有多嚴重。

調整銷售策略，優化產品控管

「除了重新調整訂價，我們也開始將策略納入考量，」何宜臻說明，馬來西亞代理商與旭然合作超過二十年，交情深厚，且深具市場指標意義，所以公司不能隨意終止合作，但是可以對症下藥，提出改善方案。

首先，是建議代理商調整銷售策略。

以過濾器產品為例，若代理商只單純銷售塑膠過濾器，毛利率會呈現赤字，但若旭然業務人員能夠陪同代理商拜訪客戶，搭配技術講解及應用建議，說服客戶同時採用不鏽鋼過濾器組合方案，就能轉虧為盈。

接著，旭然開始針對客製化產品進行控管。

過去，代理商經常要求旭然提供客製化設計，然而即使經過嚴謹的設計、壓力測試、圖紙確認等流程，等到現場安裝時，仍舊經常出現規格誤差，導致同仁必須親自飛到馬來西亞，或是委託當地技師重新調整，一來一往間又再次拉高成本。

「現在，我們會盡量做標準化的產品，除非那個客戶帶來的毛利達到一定效益，才會提供客製化服務，」何兆全說。

此外，他延伸思考，旭然的客戶總數近三千個，其中不乏台積電、美光等重量級的大型企業，但「愈大的公司，砍價可能愈狠。」

在這種情況下，公司往往陷入追求利潤與留住客戶的兩難，直到透過AVM的數據輔助，針對賠錢的客戶，旭然可先嘗試從產品價值鏈中，找出可優化的環節，同時將戰略意義納入考量，讓決策更加有

旭然導入AVM效益

目標	成果
控管產品成本	有效降低管理及服務成本，提升產品和客戶毛利
提升經營績效	人力運用更加高效，帶動公司的營收成長
精進作業流程	跨部門的工作流程與成效更加透明，促進團隊合作意識

所依據。

業績達標，公司仍可能無法獲利

「AVM的導入可幫助公司降低成本，也能拆解並優化團隊工作流程，尤其是業務的工作模式，」何兆全指出，相較於製造工廠端很早就有分秒必爭、持續提高生產效率的思維，過去業務只要業績達標就能領到獎金，卻忽略了自己的服務成本疊加上去之後，公司可能根本賺不到錢。

「一開始，業務很難接受，」何宜臻回憶，許多業務同仁一直認為，自己幫公司賺到很多訂單收入，即使產品沒有賺到錢，也會下意識地認為，問題出在製造部門或管銷工作管理不當。

這樣的問題若一直無法解決，很可能造成部門間的矛盾，影響公司發展。所幸，透過AVM小組逐一講解，業務同仁逐漸明白，每一次急件插單、工廠加班趕工、退件或補件，都會增加成本，導致公司的毛利損失，「現在，業務同仁變得更有成本概念了，」何宜臻欣慰地說。

與此同時，旭然也重新調整業務的獎金計算機制，除了營收目標之外，若業務銷售的產品達到公司設定的毛利率，還能再獲得額外獎金，激勵業務團隊士氣；此外，面對製造端產能不足的問題，AVM也能更進一步探討，究竟是機器設備不足，或是人力出現缺口，進而簡化工作流程，促進產能有效運用。

事實上，AVM的導入，也促進了不同部門間的相互理解及共識。例如，以往收到客訴時，很難釐清責任歸屬，但現在只要攤開報表，就可以明確找出問題源頭，究竟是因為生產工時預估失準，還是因為貼標錯誤等內部失敗成本。

「數據透明，大家自然就服氣，」何兆全認為，思維的改變及作業流程的精進，正是旭然決意導入AVM的重要目標。

對旭然而言，AVM就像一個不停輪迴的系統，從資訊提供、發現問題、提出改善解方、確認執行成效，最終數據再次回饋到AVM，直到下一個問題出現，何宜臻總結：「就是持續解決，持續改善」。

突破成長瓶頸

2017年導入AVM制度之後，旭然在2018年的營收突破新高，達4.96億元，年增21.8％；而2017年至2018年的稅後淨利率，更從3.48％攀升至12.5%，展現AVM對營運績效提升的實際助益。不過，儘管成效斐然，但旭然決定，在2019年暫停實施AVM。

「原因很多，不是AVM制度本身的問題，」何兆全解釋，因為公司2019年啟動越南設廠計畫，公司未來的策略、組織架構及生產流程也面臨調整，再加上2020年疫情衝擊全球經濟，考量公司資源有限，他決定先專注擴張海外市場，以及擺脫外商以濾材控制市場的困境，加速濾膜材料自主研發與量產。

AVM就像一個不停輪迴的系統。

——旭雅生活執行長何宜臻

身為吳玲美的碩士論文指導教師，吳安妮對旭然的決定充滿祝福，但她也分享了自己的觀察，指出旭然實施AVM碰到兩大挑戰：

第一個挑戰，是AVM知識難以傳承。旭然的銷售與管理團隊大多待在台北辦公室，研發與生產卻在雲林，再加上對海外市場的布局規劃，「他們在全世界飛，若團隊共識不夠強，就很難維護AVM制度。」因此，吳安妮期許，旭然的領導團隊能持續發揮影響力，讓同仁打從心底願意接納新的變革。

第二個挑戰，在於AVM與公司既有系統的技術整合。旭然在2017年導入AVM時，相關配套系統尚未建置完善，儘管已設法減輕員工填表負擔，但在資料整合與分析上，仍高度仰賴人工處理計算。

不過，隨著越南廠順利完工，旭然也成功向上整合材料市場，並打入純水工程系統市場，「接下來我們會再重新啟動AVM，」何兆全充滿信心地說。

採訪整理／王維玲・攝影／關立衡

町洋集團董事長吳上財（中）表示，透過學習AVM轉換思維，讓企業不只賺到管理財，更能賺到影響力。左為總經理陳男銘，右為資訊長王德元。

製造業

町洋集團
難以獲利的產品就該放棄？

傳統財會制度只能從已知事件統計結果，
卻無法理解問題的成因和過程，
AVM則可協助管理者找出癥結所在，
進而協助企業數位轉型、提升全球競爭力。

明亮的無塵室工廠內，一邊，十幾支白色的機器人手臂，精準地進行著組裝作業，安靜又有效率；另一邊，好幾台自動搬運機來來往往，忙著運送各種原料……

這裡，是被稱為「亞洲第一大端子台製造與供應商」的町洋集團，位在中國大陸江蘇昆山「智慧工廠」的日常景象。

在這個工廠裡，每年為全球工業控制產業產出上億個各式端子台，包括：德國的西門子、法國的施耐德（Schneider）電機、台灣的台達電，都是町洋主要客戶。光是2022年，町洋就獲得西門子兩座獎項，一是連接器銷售第一名、二是績優合作夥伴。

認識町洋集團

成立時間	1983年
負責人	吳上財／董事長
AVM導入負責人	陳男銘／總經理
主要業務	生產製造工業用端子台及自動控制相關零組件、防水接頭及電力連結裝置、工業物聯網監控及遠程I/O
員工人數	2,500人（全球）
營業額	約50億元

不過，端子台是什麼？町洋董事長吳上財解釋，傳統稱配電盤有控制箱、電流、端子台三樣必備零件為「老三樣」，其中，端子台是所有跟配電相關的交集點，是工程師連接器工具箱中常見的元件，也是各種電機電子設備的重要零件。

全球工控市場黑馬

町洋的產品廣泛應用於生產自動化、過程自動化、電力自動化、軌道交通、替代能源及產業設備製造六大工業領域，小自冷卻電風扇、冷暖氣機、洗衣機、電話機等民生電器用品，大至電動鐵捲門、汽車、交通號誌、高鐵等，都需要端子台。

1983年，吳上財和哥哥、創辦人吳文相在新北市共同設立町洋，一開始以買賣拆船解體的五金零件為主要業務；隨著政府發展製造業，兄弟倆認為，標準、量化的工業零件將是未來趨勢，也觀察到端子台在台灣電子產業領域仍付之闕如，決定在匱乏中找機會，投入端子台製造。

當時，端子台仍屬於勞力密集產業，多數以人工生產線組裝；努力耕耘二十年，町洋在1995年進入中國大陸設廠，逐漸從勞力密集走向自動化生產、智慧製造。

目前，總部仍在台灣的町洋，在兩岸都設有研發中心及工廠，江蘇昆山還有CNAS（中國合格評定國家認可委員會）國家級認證實驗室，光是研發團隊就超過四百人，銷售據點遍布全球，成為全球主要的端子台及工業零組件製造商。

2020年到2022年新冠肺炎疫情期間，全球製造業哀鴻遍野，町洋不但未受影響，甚至擴大全球市占率，成為國際工業控制市場的大黑馬。

「我們面向世界，直接命中全球工控市場蛋黃區，」吳上財透露，町洋在全球有兩萬多家工業自動化產業客戶；美國工控業者的前五十大中，有30家使用町洋端子台；日本33家前段優質工控企業中，更有27家已經是町洋的客戶，或是正在進行洽談中。

啟動「再創業」機制

從買賣拆船零件起家，在四十年間成功轉型，邁向工業4.0，如今超過50%的產出是由自動化智能設備與系統完成。町洋，怎麼辦到的？

AVM是町洋邁向工業4.0的最後一哩路。

——町洋董事長吳上財

認識吳上財

學歷　中山大學管理學院後EMBA
政大EMBA
政大EMBA創業主精修班

經歷　現任町洋集團董事長

「AVM（作業價值管理）是町洋邁向工業4.0的最後一哩路，」吳上財說。

時間回到2011年4月初，地點則是在德國製造業重鎮漢諾威（Hannover）。

時任德國總理梅克爾在漢諾威工業博覽會上提出工業製造智慧化的發展建議，並宣布德國將邁向「工業4.0」新世代——這是全球二十萬參展者，包含親自率領町洋團隊在漢諾威參展的吳上財在內，第一次聽到「工業4.0」這個名詞。

吳上財回想，當時在現場聽到「自動化設備」、「標準化」、「數位化」等名詞，感覺非常震驚：「德國準備用15年達成工業4.0的基礎，台灣呢？」

他更自問：「面對二十一世紀全球製造業電腦化、數位化與智慧化的新潮流，町洋該如何保持競爭優勢？」

帶著心中的疑問，2013年，町洋成立三十週年前夕，吳上財再問自己：「下一個三十年，町洋要往哪裡走？未來三十年，我們要做什麼？」

很快，他找到了答案：「企業成長階段面臨的考驗不外乎：國際化、轉型、傳承，而町洋是零組件產業，面對全球化競爭，勢必啟動數位轉型。」

不久，在公司的三十週年慶大會上，吳上財宣布「町洋即將再創業」，鎖定以端子台製造為核心的全球化服務為發展主軸，因為，「唯有數位轉型與企業國際化，町洋才能往下走，也才能永續經營。」

從傳統產業走向智慧製造

多年來，町洋都是傳統製造業，如今要轉型為智慧製造，並不是件容易的事。

分析町洋的產品與客戶結構，向來以少量多樣、客製化產品為主，平時活躍的客戶約有兩、三千家之多，訂單有時只要做三、五個，有時得做三、五百萬個，平均每天有500張工單，從開始生產，經過原料、半成品、成品完成入庫所需的總產品週期時間為兩週，以平均10天5,000張工單計算，意謂町洋的系統中，隨時都有四、五千張工單正在進行生產製造。

龐大、複雜的客戶需求與生產工單，加乘起來成為可觀的資料，是公司重要的客戶資料庫資產，只是從來沒有好好利用，吳上財直言：「非常可惜！」

做而言不如起而行。吳上財找來在美商服務多年，專長為生產製

町洋導入AVM步驟

時間	工作重點
2012年	陸續導入多項管理系統，如：SAP（ERP）、MES、LMS、PLM、CRM等，並邀請資誠進行人員培訓，為導入AVM做準備
2014年～2016年	吳上財、陳男銘至政大會計系與台灣策略成本管理學會接受管理會計專業訓練
2017年	成立AVM辦公室，後續IT協助系統植入、底層資料拋接梳理、優化內部使用者介面
2017年～2018年	進行AVM系統公司內部導入前驗證，並開發AVM部門內部管理報表，統一單位、計價方式、成本歸屬方式等
2018年	製造生產單位導入AVM
2019年8月	完成集團100%導入AVM

程整合、製造業自動化布局、企業數位流程再造的陳男銘擔任管理部部長，負責梳理町洋過去三十年累積的龐大資料庫及流程，實踐町洋的智慧轉型之路。

從導入ERP跨出第一步

在公司的規劃下，町洋從導入德國思愛普（SAP）公司的ERP（企業資源規劃）系統跨出第一步，卻發現這一步也不容易，因為公司連種子教練都派不出來。

吳上財請來資誠聯合會計師事務所（PwC）協助，將兩岸三地一百多人交給資誠培訓，但這一百多個人一邊上班、一邊學系統，「每個人蠟燭兩頭燒，幾乎要拿出辭呈……」他一邊說著，一邊忍不住搖頭。

「當時董事長每天信心喊話，不斷鼓勵同仁『再堅持一下下』，」

除了工廠硬體自動化的投資外，管理者也應該要有「如何管理自動化」的思維。

——町洋總經理陳男銘

陳男銘透露。

有了這份堅持，再加上一些幸運——町洋導入ERP後沒有多久，公司營業額就開始明顯成長，「兩年後的成長幅度甚至達到兩位數字，帶動員工實質薪資增長非常有感，良性循環使大家堅持下來，沒有一個人離職，」他欣慰地說。

花了半年時間，町洋順利完成新、舊系統無縫接軌的大工程。而有了好的開始，陳男銘在吳上財的支持下乘勝追擊，陸續在町洋導入製造執行系統（MES）、學習管理系統（Learning Management System, LMS）、產品生命週期管理（PLM）系統、客戶關係管理（CRM）、經銷商管理系統（Dealer Management System, DMS）等不同系統，為日後導入AVM打下厚實基礎。

以AVM實踐管理自動化

吳上財觀察，台灣的工業產品製造廠，業者往往拚命做工廠自動化，但其實台灣中小企業想要轉型，更需要的是管理自動化。

對此，陳男銘解釋，除了工廠硬體自動化的投資外，管理者也應該要有「如何管理自動化」的思維，不能簡單地認為自動化就是投入設備（例如：機器人），或現場大量人力消失了，就叫做「自動化」，更重要的是自動化後產生的諸多「數字」，該如何管理？

「一家會管理自動化的中小企業，應該要會蒐集及分析這些自動化後產生的數字，藉以降低成本、提高效率，衍生其他的改善方案並進而轉型，提供客戶更多、更好的產品、服務及提案，」陳男銘說。

那麼，管理如何自動化？

2014年，吳上財和陳男銘兩人，在政大會計系講座教授吳安妮的「AVM平衡計分卡研習營」中，得到解答。

梳理流程，計算歸屬成本

陳男銘對AVM並不陌生。多年前在美商服務時，他曾被派到日本協助夏普建立工廠，當時日本經理打開一個Excel表格，讓他大為驚豔：「不只是公司策略、專案執行進度細節，連我坐的辦公室，經理都笑著跟我說：『陳桑，你現在坐的這個辦公室，一個月的租金是日幣兩萬圓。』」

當時的震撼，令陳男銘印象深刻：「他們怎麼算得出來？」那次，跟著日本專案團隊控制專案、規劃建廠，精準、效率又高，他內心佩服，卻又因為「知其然不知其所以然」而充滿好奇。

「後來，在吳安妮老師的課堂上，才知道原來這就是AVM管理會計的概念，」陳男銘說。

他進一步補充：「這一切都不是真的現金，而是在管理會計裡標定每一個單位的成本。

比方說，那時專案指標是多少單位面積的玻璃（內部計價單位），用管理會計的概念，辦公室的月租金相當於X單位面積玻璃的價值，顯示即使只是一個小員工的座位，也有明確的內部成本，這就

全球端子台及工業零組件製造商町洋，計劃透過結合AVM，
邁向工業4.0智慧製造。

是AVM的重要精神。

那時我就想，台灣的中小企業，走過成長階段，有一天是不是也會走到這條路？」

町洋和吳上財給了陳男銘實踐AVM的最佳機會和場域。

「過去，ERP大都是從企業資源為出發點，幾乎沒有談到人、設備如何攤提，」吳上財說，少了切割成本歸屬的概念，只從結果去看數字，往往會遺漏隱形成本，或是無效浪費的成本；不僅如此，他指出，現今製造業高度競爭、資訊透明，購買材料的成本各家相差不大，「起跑點相同，就以管理、有效產出、時間的掌握、精準度決勝負了。」

吳上財舉例，同樣工作八小時，如何在不用提高技術的前提下，提高產量？答案很可能是「排除無效工時、增加有效工時」。但，如何做到？經過政大管理課程洗禮，陳男銘將AVM定位為「町洋軟、硬體整合流程最後的收斂者」，而實踐的第一步，就是要梳理各部門、各生產線間卡關、重複、標示不清的流程。

然而，梳理，談何容易？

「這不是我一個人或少數幾個人可以完成的，」陳男銘坦言。

為了說服員工接受AVM，他先讓當時町洋二千三百位生產、開發、產品、業務等部門的同仁了解「什麼是AVM」，從而直接切入各單位的作業流程檢討，讓各單位在檢討流程的過程中，面對浮現出的

少了切割成本歸屬的概念，只從結果去看數字，往往會遺漏隱形成本，或是無效浪費的成本。

——町洋董事長吳上財

成本問題。

陳男銘舉例，町洋光是製造相關的經理就有將近三十位，比起成本，這些經理們更在意的是交期、品質，「重工過度」或「無效成本」對他們來說，並不是需要緊張的問題。

譬如，模具，對製造經理而言，數十年來都是理所當然打消的「費用」，就像衛生紙，用完就沒有了，當期用完就用掉了；而AVM的「管理成本」則認為，模具應該隨著價值標的、工單慢慢攤提掉，以彰顯效益、避免浪費。

因此，依照AVM的理論，假使一個模具成本是100萬元，賣一個產品歸屬1元、賣兩個歸屬2元，要賣100萬個產品才能歸屬一個模具的成本。

吳上財表示，在這樣的概念下，很多製造部門購買的模具，可能需要兩、三年，甚至三、四年，才能調整到理想的AVM歸屬架構，「這樣的邏輯和概念，完全顛覆了大家之前的認知。」

追本溯源，對症下藥

AVM用數字和效益改變了製造部門經理的想法。如今，町洋製造部門所有資料都是AVM報表；月檢討會議使用的表格、檔案，也都「演化」為AVM成本表格。

陳男銘笑著說：「AVM幫忙製造經理抓出隱藏、不必要的浪費成本，大家從一開始的衝擊、抗拒、不願意接受，到後來一起面對、檢討，意外凝聚了公司的向心力。」

對於導入AVM管理會計制度前、後的落差，尤其是和傳統會計相較的天壤之別，吳上財感受最深：

「傳統財會是從已經發生的事情統計出結果，卻無法真正理解造成結果的原因和過程，而AVM則可以即時掌握現況，立刻解決問

町洋導入AVM效益

目標	成果
突破傳統製造業公司轉型困境	完成智慧數位轉型，與國際接軌
改善跨國企業系統語言不同，事倍功半的情況	統一系統語言，數據透明、訊息傳遞即時，管理事半功倍
面對全球化競爭的挑戰	以管理會計排除無效工時、增加有效產出
減少重工過度、無效成本	抓出隱藏成本
面對眾多產品與客戶，不知如何取捨	找出評估結果與實務運作出現落差的成因，原本不起眼的小產品成為町洋的明星產品

題，這才是管理決策單位最需要的。」

吳上財舉例，曾經有一位業務的績效不理想，在月檢討會議上被提出來討論，但為什麼會有這樣的結果？財務、管理、業務主管都一頭霧水，只能做出「下個月繼續觀察」的結論；後來，有了AVM報工資料，馬上分析出幾個可能的問題點：

一、時間分配方法不對：業務應該要做很多客戶經營相關事務，但那位業務經營客戶的時間不符合比例原則，例如：花太多時間處理行政工作，卻太少實際拜訪客戶。要解決問題，可以協助業務從調配時間著手，或是直接要求業務將拜訪客戶的時間從20%提高到50%。

二、經營客戶方法不對：要解決問題，可以由主管協助，幫忙改善經營客戶的策略。

三、產品不對：業務主要負責行銷的產品，有某些地方不符合客戶需求，導致客戶不願意下單而影響業績，此時就需要先找出問題，再由製造單位修正產品。

四、客戶不對，或者也可說是產品設定的目標客戶不符合現況：例如，若業務同仁對A客戶的服務，在町洋內部AVM報工資料顯示一直在「報價」與「詢價」，則可推論該客戶適合推「標準化產品」，因此若目前提供的是指定客製產品，就不符合現況。

又，若業務同仁對B客戶的服務，報工資料顯示一直在「設計開發」與「打樣」，則可推論該客戶有自己的想法，適合「指定客製產品」，而若目前提供的是偏向標準化的產品，同樣也是不符合現況。

「以上種種，都是從AVM產出透明、清楚的數據，管理單位才可以有憑有據看到最真實的情況，進而做出正確決策，」吳上財說。

產出數據，協助管理單位決策

曾經擔任町洋管理部部長的陳男銘透露，當時町洋每年銷售的產品多達一萬二千多種，年度新產品開發案有二百多個、既有產品設計或製程變更多達七百多項，而管理、決策單位始終沒有充足的數據支持，應該減少哪項產品、放棄哪些客戶，直到導入AVM。

陳男銘印象最深刻的是，導入AVM的前期，町洋正面臨一個頭痛的問題：某項尚在開發估價階段的產品，決策團隊認為發展前景看好，但對於成本，經過評估再評估，結論始終是難以獲利……

真的是這樣嗎？還是評估過程出了問題？到底實際成本為何？利潤又是如何？

傳統財會是從已經發生的事情統計出結果，卻無法真正理解造成結果的原因和過程，而AVM則可以即時掌握現況，立刻解決問題。

——町洋董事長吳上財

種種疑問讓團隊在打樣、生產期間躊躇不已，不知該就此停住，或是繼續等待時機來臨。

後來，利用在政大上課的實作課程，吳上財和陳男銘以此做為個案研究，將AVM導入，蒐集所有資訊並進行細部分析，確認只要改善其中某一環節就可以有不錯的獲利。於是，研發團隊立即著手改善，再依AVM邏輯蒐集、分析、改善前後差異，終於確認這是值得持續投入的潛力產品。

在100%確認產品適合市場需求後，業務部便安心、大膽地對客戶提案，很快爭取到量大、穩定的訂單，也因此帶來一大批有類似需求的客戶。

「當時的『小產品』經過六年，現在已經是町洋的明星產品了，」陳男銘露出驕傲的笑容這麼說，也把一切歸功給AVM：「它幫助我們做了一個重要的決策。」

穩定出貨進度，營收倍數成長

決定導入AVM後，町洋請來由吳安妮AVM學生組成的專業團隊到町洋工廠蹲點，花了一年半梳理出流程，2018年從製造部門先行，一面確定各項數據無誤，同時修正業務流程，並精細調整系統設定值，提高準確度；2019年8月，包括：產品、銷售、人力資源、研發、財務部門，全面導入AVM。至今，町洋各部門始終維持以AVM報表進行月檢討會議的模式運作，從未中斷。

其中最值得一提的是，為了促使前述各項軟體及系統導入順利，吳上財一口氣將町洋的IT人員從4位增加到14位，2018年更成立有4位專員的「AVM辦公室」。

2020年，町洋在新北市五股的集團總部成立「政大—町洋聯合研發中心」，獲得國科會補助投入七千萬元，以智慧製造為核心，結合軟、硬體與管理會計制度，整合管理決策系統、預測系統、預警系統與資安系統，將資訊直接在雲端上運算。

這個位在町洋總部四樓、面積超過二十坪的「町洋智慧雲端戰情室」，一整個牆面的大螢幕很有美國太空總署（NASA）指揮中心的臨場感，隨時監控兩岸廠房的作業流程與各項產品，出貨數據清晰透明，智慧化表格一目了然。

也因為如此，儘管經歷缺料、缺電、新冠肺炎疫情各種管制與挑戰，町洋卻由於數位資料透明，又能即時管理數字，「連客戶端還有沒有貨、大概剩多少，我們都知道，」吳上財直言，當時在全球恐慌性下單之際，AVM是讓町洋出貨進度從來不受影響，甚至在員工僅增加不到兩成的情況下，營收成長仍能創下倍增佳績的重要關鍵。

儘管如此，吳上財坦言，在傳統製造業進行數位化智慧轉型，確實是一條「有點寂寞的路」。

影響力，比毛利更重要的事

「董仔，町洋做這些數位轉型、導入AVM，是多賺了多少錢？回收多少？」這是吳上財最常被問的問題，而他總是這麼回答：「還問毛利，就是仍然停留在傳統製造業的思維。我拿不出漂亮的數字，但我知道自己在做什麼。」

甚至，「町洋透過AVM轉換思維，賺到了組織文化改變，也賺到更多市場信賴，」現在，吳上財已經可以很有自信地回答：「AVM讓町洋不只賺到管理財，更能賺到影響力。這個改變，無價！」

「智慧製造建立在自動化和資訊化融合的基礎上，過去十年裡，町洋致力於推動數位轉型，得到顯著成果。我們優化了流程、改善管理數據，也讓內部溝通更加暢通無阻。儘管轉型過程充滿挑戰，但有賴整個町洋團隊的支持與貢獻，我們才能堅定地往前邁出一大步！」這是陳男銘在2023年7月發表的《町洋四十週年慶》影片中，以全英文向全球町洋員工發表的致謝詞。

這段文字的誕生，距離吳上財宣布町洋要以智慧轉型「再創業」，剛好十個年頭。華麗轉身的「町洋2.0」將帶著這股改變的勇氣，邁向下一個四十年，創造企業持續成長的競爭力。

採訪整理／朱乙真・攝影／黃鼎翔

協磁公司董事長施志賢認為，AVM的價值分析理論與架構，不僅完善了傳統管理會計的管理精神，還有助企業發現經營的盲點。

製造業

協磁公司
傳產只能賺勞力財？

跳脫傳統製造業賺取勞力財的窠臼，
協磁以AVM落實精實生產、創造差異化，
從賺技術財到賺管理財，
成功打造自有品牌，成為台灣泵浦界的隱形冠軍。

說起協磁公司，大部分人會感到陌生，但他們的主力產品：泵浦，在我們日常所需產品的製造過程中，卻往往少不了它。像是生產醬油的製造商使用的沖洗生產器具，電子業、製藥業再到科技業的伺服器冷卻系統，甚至是船舶業，都會使用到協磁生產的泵浦品牌「ASSOMA」。

「ASSOMA」猶如幕後英雄，默默在許多產業扮演重要角色。成立四十五年，產品遍布全球的協磁，相當低調，坐落在桃園市蘆竹區一片綠油油的農田中，工廠規模不大，產品卻屢獲經濟部中小企業處的「創新研究獎」、「台灣精品獎」肯定，公司也榮獲2015年中小企業處的「小巨人獎」，以及多屆「鄧白氏台灣中小企業菁英獎」。

認識協磁公司

成立時間	1978年
負責人	施志賢／董事長
AVM導入負責人	徐美霞／管理部協理
主要業務	工程塑膠離心式無軸封泵浦開發、設計、製造與行銷
員工人數	62人
營業額	5.5億元

協磁算是台灣社會裡的中堅企業、隱形冠軍，在經營模式上採用微笑曲線的策略，分別掌控關鍵技術與行銷通路，生產則大多委外並做好供應鏈管理。

掌握關鍵技術與生產能力

協磁的主力產品泵浦，一般人常誤以為它就是馬達，實則不然；馬達只是驅動泵浦的載體，真正輸送液體（產生水功率）的主體則是泵浦。若把時間拉回到四十多年前，國內客戶在使用日製產品出現問題時，大家普遍的反應會是「作業人員操作失當」；相對來說，若是台灣製的產品發生問題，客戶一定馬上跳腳，認定是「產品瑕疵」，鮮少認為是自己操作有誤。

「這是可以理解的，因為當時泵浦產業以日本的技術最為先進，大家對台灣製產品也較缺乏信心，」原本準備考高普考當公務人員的協磁董事長施志賢，當時因為父親問他要不要加入公司試一試，意外接班。

不過，儘管是意外接班，但他有股不服輸的精神，堅持「要做就要做到最好」，而實現這個目標的方法，就是「必須掌握創新技術。」

對泵浦來說，性能好壞的兩大關鍵，在流力設計及機構設計，因此，施志賢相當重視自行研發的能力。剛加入公司的三個月，他躲在辦公室看技術書籍，足不出戶；直到今天，四十五年後，技術研發仍然是他最重視的，「研發人員占了全體員工的13%，因為我們要自己掌握泵浦流體設計的關鍵技術。」

為了確保品質，協磁堅持依據設計管制程序自行主導設計，其他像是馬達及機構零組件則由衛星工廠生產，最後再由協磁組裝、進行驗證，並自己主導行銷與銷售。

面對市場，協磁沒有選擇藍海策略，而是另闢蹊徑，選擇了屬於利基市場，並兼具價值創新的藍湖策略，鞏固高毛利的利基市場。在歷經多年的研發後，協磁推出領先全球的AVF系列變頻罐裝式無軸封泵浦產品，讓馬達的節電效能提升至業界頂端的IE5等級，之後又陸續推出獲得多國發明專利的AME系列金屬PFA內襯磁力驅動無軸封泵浦。

此外，協磁的自創品牌「ASSOMA」，取自「Associated with Magnet」的縮寫，意味「鏈結磁力」，以自有品牌生產（OBM）的製造策略，培養出對產業、顧客、服務、技術、經營管理及國際趨勢演變的敏感度，在公司走向全球化經營與發展的路途上，具有相當的助益。

「以前客戶總是指責產品有問題，現在大家對我們的產品都很有信心，」施志賢自豪地說，迄今協磁研發的產品已取得32項多國的發明或新型專利，客戶群包含台X電、X塑企業、欣X電子等，並且行銷全球各地，像是韓國三X、中國大陸的阿X巴巴等，也都是協磁的客戶，客戶產業類別涵蓋高達13項。

舉凡民生產品的製造業、高科技業，特殊化工產業，凡是需要使

關於施志賢

學歷　清大科技管理學院高階經營管理碩士

經歷　協磁公司董事長
清大百人會會員，同時擔任張昭鼎基金會顧問、桃園市工業會會務顧問、小巨人獎聯誼會北區副會長

用到液體輸送，通通都需要使用泵浦，尤其像是近年來的電池產業、太陽能產業、電子業，伺服器冷卻系統需求大幅提升，使協磁有別於其他傳統產業可能受景氣或產業轉型影響導致業績下滑，即使在疫情期間仍保持營業額成長。

然而，協磁這幾年的業績成長，還有另一項關鍵因素，就是管理創新。

導入AVM，落實管理創新

有別於一般傳產老闆保守經營的心態，協磁的產品持續創新研發，不僅是賺技術財，在經營管理層面也不斷與時俱進。而身為經營者的施志賢，更是在百忙中持續進修——台北商專畢業的他，在2005年取得清華大學EMBA學位，透過精實管理，公司開始重視建立管理制度，迎來躍升的機會。

2004年，在施志賢攻讀EMBA期間，有機會接觸到作業基礎成本制度（ABC），深受這套管理制度可能達到的效益震撼，當時他就和公司財會主管討論過導入的可能性，只是最後因評估作業系統執行時，要蒐集資料會花費很大心力，因而作罷。

沒想到，兩年後，公司的產銷協調出問題，致使物流供應不順，零件及成品交期常未能如期，導致庫存不足或太多，造成管理困擾。為了解決問題，協磁開始在公司內導入精實生產管理，用以消除浪費、縮短交期，乃至提升產品品質；到了2018年年底，又更進一步，導入作業價值管理（AVM）。

「成為一流的公司，不只是要產品創新，管理也要創新，而AVM

協磁導入AVM步驟

時間	工作重點
前期準備	協磁是家族企業，因此在導入前先與其他家族股東（兄弟）溝通，取得同意後，再與公司的財會與IT主管取得共識
2018年～2019年年底	與政大簽訂為期一年的專案導入合約 從核心業務開始，包括：產品專案管理系統與業務系統（銷售）端，以專案形式導入

是落實管理創新的最佳助力！」施志賢認為，AVM能整合全公司財務支出的因果關聯資訊，提供給高階管理者，以審視管理會計的財報訊息，因此能夠清楚理解數字背後的因果關聯性資訊，也更利於形成管理決策。

不過，一開始，施志賢並不知道什麼是AVM。

當年，他從就讀政大企家班的桃園市工業會企業經營聯誼會會友介紹，得知由政大會計系講座教授吳安妮主持的政大整合性策略價值管理研究中心（iSVMS），要在政大做成果發表。

「吳安妮教授在管理會計學界素負盛名，聽到這個消息，我不假思索就接受邀請，並與幾位會友一起前往聽講，」對於改善管理制度十分熱中的施志賢笑著說，在聽完成果發表會後，他便躍躍欲試，導入AVM的企圖油然而生。

在沒有太多先行者的情況下，為何會做出這個大膽的抉擇？

「跨入AVM的門檻雖高，需要有一些對管理會計的基礎與準備，但整體的管理理論與邏輯架構在現代科技條件下很有可行性，」施志賢回憶，他回到公司後，便立即與財會及IT主管討論，並與公司的主要董事們溝通，決定找iSVMS中心來進行導入的評估及合作。

核心業務先行

協磁與政大簽訂為期一年的專案導入合約，自2018年年底至2019年年底，積極推動AVM專案，由協磁管理部協理徐美霞擔任專

隨著經驗累積，協磁逐漸透過AVM建立更好的制度化管理平台，嘗到賺管理財的滋味。

案主持人、管理會計出身的執行副總吳鴻宜協助督導。

在協磁之前，國內已有幾家公司導入AVM，像是通路服務商普祺樂，因此協磁一開始使用的系統是以普祺樂所採用的威納打卡系統App為範本。

然而，不同企業的屬性與需求均不同，同一套軟體未必可以一體適用。

施志賢提到，一開始先進行系統盤點，租賃欠缺的軟體工具，像是包含手機與桌機版本的威納打卡系統App，兼顧內勤和外勤人員需求；以及薈智創新科技的AVM計算系統，用符合AVM雲端需求的格式匯出內容供整理核對，之後再匯入AVM雲端系統。

至於導入的對象，協磁選擇從核心業務開始，包括：產品專案管理系統與業務系統（銷售）端，以專案形式導入。

施志賢指出，協磁重視藉由創新技術及產品開發來滿足顧客、創造價值，而身為OBM廠商，從企業經營棋盤圖在價值標的及管理議題等面向考量，新產品的設計專案會是公司的核心業務，更是關鍵議題，若能在AVM價值管理四大模組活動中規劃與執行，並順利得到管理上的正面回饋，公司其他相關的價值管理活動便能獲得激勵，進而順勢推展。

但是，即便只在核心業務導入新系統，仍面臨一些問題，例如：App不穩定、內容需要再客製化，以及打卡選項設計等。

這些問題，與系統開發商開會討論後，進行客製化設計、重新設計打卡選項便可解決，但是內部遇到的問題，例如：人員打卡時，配合意願低的人錯誤率偏高；又或者，一開始大家不知道怎麼填資料，有同仁打卡內容填寫「客戶現場服務」，卻沒有描述清楚服務的實質作業是什麼。此時，就必須要進行人員的溝通。

「像這樣的資料，即使蒐集到了，也缺乏實質意義，」吳鴻宜說明，這時，就需要請單位主管加強與同仁溝通。

例如：主管詢問同仁要表達的實質內容為何，協助他們填寫出有意義的描述，若有需要則提供範本給員工參考，甚至是讓主管一對一教導同仁，填寫出具有實質意義的內容；另外，為了確保主管能夠落實溝通及每天回報管理，協磁將打卡比率及正確性、AVM改善活動，均列為管理指標。

一連串措施實施下來，施志賢說：「透過AVM引進的App系統，在進行專案時，專案主持人可以即時精準掌握專案的執行進度與細節，有效管理專案的投入時間與溝通，減少延遲問題的發生。」

舉例來說，在業務端導入後，協磁同仁每週、每月都會有計畫地先填報資料，而透過分析業務端回傳的資料，主管就能夠快速了解每天八小時的內容中，有哪些是有必要的、有價值的，又有哪些是非必要性，可以事先提供意見、調整內容，而不是像以前，僅有少數同仁會提前規劃工作，各項作業都是事後回報，只能做後續修正。

研發節能泵浦，結合ESG

近幾年來，ESG成為各個產業的關鍵字，身為傳統製造業的協磁，卻早在二十年前就開始設計和專注環保與節能產品。

在2010年代，當時還沒有對於馬達或泵浦的溫室氣體盤查要求，協磁卻以傳統磁力驅動泵浦為基準，進行了一項關於協磁主力產品的碳足跡研究，並利用這項成果報告，致力於簡化供應鏈，將大部分生產在地化，消除能源浪費。

「我們產品創新的原點是『Green』，也就是新技術及產品的開發與產製過程，都能考慮到『Green』，」施志賢舉例，協磁在2021

傳統產業要從賺勞力財，進展到賺技術財及管理財，甚至藉由賺管理財倒回來協助賺技術財。

——協磁董事長施志賢

年就開發出歐盟對於泵浦效能最高標準、能源效率指標（MEI）大於0.7的磁力驅動離心式無軸封AVF-X系列，以及離心罐裝式馬達泵浦AVF-C系列兩大系列產品，「這樣的技術，讓歐洲廠商都覺得驚訝。」

協磁研發的AVF-C655DGACV-3泵浦、AMX-655FGACV泵浦（無馬達），在2023年通過ISO 14067:2018自願性產品碳足跡認證，也藉由認證找到主要碳排及浪費的原因，進行後續改善作業來降低產品的碳足跡。

「低碳智能是未來的主軸，也是我們努力的目標，」施志賢談到，協磁所運用的戰術是要製造出節能的設備，以及智慧聯網（AIoT）的預知保養，也就是「智慧製造」。換言之，馬達是高能效、泵浦也是高能效，低碳不只要省下生產過程的耗電，也要提高客戶產品的良率，避免不良率太高而造成生產線上的廢料，而AVM也在此時再次展現效益。

「導入AVM後，我們可以評估公司投入在ESG相關的時間、比例與費用，藉由溫室氣體盤查找出熱點，進行減量改善並節省成本，

協磁導入AVM效益

目標	成果（2022年與2021年相較）
新技術開發專案	資訊流通透明，利於彈性溝通，進程管理易掌握，結案率提高10%
新產品開發專案	強化跨部門溝通，資訊流更暢通，去瓶頸化快，進度易掌握，開發時程比預期快20%
業務新產品推廣專案	導入AVM後，擁有明確的戰術推動紀律，且可針對績效產出進行評估與檢討，帶動新系列產品銷售占比增加86%
業務通路商管理	了解各通路商銷售推廣及合作的有效性與可進步空間，通路銷售實績期間平均成長30%
業務銷售管理	客戶拜訪時間增加15%、期間營收增加16%

也將專案成本合理分配給相應的系列產品，有利設定更合理的產品價格，」施志賢補充。

正確反映帳目，看清價值鏈成本

「AVM要成為平面鏡，而不是凹凸鏡，」施志賢說明，過去的協磁，是技術跟得上、產品做得出，價格不比領先者高，財務會計顯示「有賺錢」就好，「現在我們是業界領導，有訂價優勢和壓力，必須要有明確的價值鏈成本做為訂價的參考，而AVM的價值分析理論與架構，完善了傳統管理會計的管理精神，還能發現經營盲點，這就是重點所在。」

舉例來說，當公司營收高、獲利表現不錯時，往往不會細看哪個通路商貢獻較多，但是導入AVM後，協磁發現，有某個國家代理商，雖然銷售不少協磁的產品，但是在協磁的所有通路中，獲利卻相對較低，原因可能是當地競爭激烈，導致他們把銷售主力放在協磁較低價的產品。

所幸，有了AVM產出的實際數據，協磁就可以與代理商溝通行銷較高單價產品的好處與可能性。譬如，協磁告知對方，要銷售符合市場主要趨勢的產品，像是低碳設備，才能迎合顧客實踐ESG的需求。因為有理有據，該國代理商已接受AVF／AME新型高效率泵浦，並推導給其主力客戶。

因為AVM是全公司策略性、系統性的管理活動，所有平衡計分卡（BSC）上的指標，會因為整體性的策略規劃與PDCA（計畫、執行、查核、行動）管理循環的運作，獲得較好的預期效果，對增加營收、降低成本和費用、提升相對利潤，都有幫助。

事實上，協磁近三年來的年營收、毛利率、淨利率均因此提升，其中營業額在2021年、2022年，連續兩年都有二位數的成長；至於非財務面，也獲益不少，例如：增加管理性報表，讓協磁可透過報表調整客戶與產品價格、銷售策略、產品訂價策略、通路管理、顧客關係管理、產品及開發管理等。

不過，施志賢也坦言，這樣的做法可能造成部分人員的工作壓力，主管要適時給予支持，並參與解決問題，以減輕員工壓力。

企業要賺管理財而非勞力財

協磁從傳統的製造業，走向技術創新、打造自有品牌的產業，再導入新的管理制度，施志賢有感而發地說，以前傳統產業是賺勞力財，現在產業面臨更激烈的競爭，勞力財不好賺、技術財更難，「所以要從賺勞力財，進展到賺技術財及管理財，甚至藉由賺管理財倒回來協助賺技術財，也就是『從技術走向管理，由管理來深化技術』。」

施志賢用餐飲業比喻：有間牛肉麵店家，老闆煮牛肉麵的廚藝很好，客人一開始是慕名前往、排隊吃牛肉麵，但因為在外面排隊等太久，等到能夠進到店內，已經滿肚子氣，這時就算牛肉麵再好吃，因

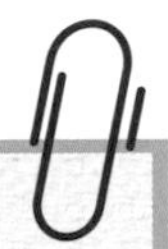

AVM就像大海一樣，資訊、管理系統就是一條條河流，只要規劃好河道，就能自然匯流進入大海。

——協磁董事長施志賢

為沒有對客戶進行好的管理，生意也做不了太久；相反地，有些店家懂得用資訊管理，用預訂或登記叫號方式，預估取貨或用餐時間，客人不需要在店外枯等，滿意度隨之提升，生意才能做得長久。

「這就是從技術走向管理，用管理深化技術，」施志賢比喻：「AVM是有容乃大，就像大海一樣，資訊、管理系統就是一條條河流，只要規劃好河道，就能自然匯流進入大海。」

甚至，導入AVM，還能順利結合協磁的精實生產體系，且對於從AVM管理報表發現的問題，也能運用精實生產的手法，進行整體改善。

轉型升級一向不簡單，但施志賢以過來人經驗分享，導入AVM制度可以協助企業進行營運變革管理及數位變革管理。

不過，他也坦言，目前多數人可能還不知道什麼是AVM系統，若經營者本身不是管理會計或資訊背景，更可能心生疑慮，例如：導入時，對各部門之間協調運作會造成什麼影響？若是導入時間過長，會不會影響員工既有工作進度？諸如此類的擔憂，都可能讓企業主裹足不前。

然而，施志賢認為，經營者在創業初期，多半專注在產品銷售與獲利，但是隨著企業逐漸成長，有了基礎的營收與獲利能力，接下來便應該開始關注如何讓公司可以穩定獲利、永續經營，這也正是協磁決定導入AVM的另一個原因。

「有了基礎營收與獲利能力後，為了永續經營，公司需要適時優化管理制度，這也是導入AVM這項基礎工程的時候，」施志賢補充指出，基礎工程可依個別公司的營運需求逐漸導入，但在導入前，經營者需要找財會及IT主管一起了解、評估；開始導入後，總經理的工作重點就是溝通與支持；而到了真正執行四大模組工作時，則仰賴相關部門共同推動，由點、線、面的方式展開，積小勝為大勝。

化解接班挑戰

對於AVM的實踐，善於比喻的施志賢引用一則小故事：

猴子牽著一條狗過河，起初河上有石頭，可以牽著狗踏著石頭過河；但到了一長段沒石頭的時候，猴子可以一躍而過，狗卻不敢跳過去；然而，當猴子硬拉之後，狗縱身一跳，也跟著跳過去了。

所謂「行勝於言」，施志賢引用清大校風的精神，鼓勵其他企業經營者，透過導入AVM，呈現清楚的圖表，讓工作改善不再是難事，才是因應市場動態競爭的唯一解方，而他樂於當那隻「牽著狗過

導入AVM制度可以協助企業進行營運變革管理及數位變革管理。

——協磁董事長施志賢

河的猴子」。

他直言：「AVM應該是我職涯中最後一個重要的專案，藉由平台不僅改善經營者與經理人的溝通，還能建立良好的管理制度，也可以完善企業接班進程，不會因接班人不同而影響公司治理。」

在施志賢主導下，協磁逐漸嘗到賺管理財的滋味，早年是為求改善「家庭企業」創業維艱的情況，與兄弟們一起接下父親的事業，如今距離他為自己設下的退休時間尚有五年，對於AVM也有更深沉的期待：「我們要藉由導入AVM提升競爭力，建立好制度化的管理平台，無縫接軌交棒給下一代，讓協磁持續朝世界一流的無軸封泵浦公司邁進。」

採訪整理／林惠君．攝影／賴永祥

勇昌貿易董事長楊雅忠認為，AVM可協助企業建立SOP，進而傳承企業理念、掌握未來方向。

貿易業

勇昌貿易
家族企業難以永續傳承？

公司的淨利率跟毛利率，為何相差高達60%至70%？
歐洲有百年家族企業，台灣家族企業卻常只有三、四十年？
公司要成長，就必須擴大經營規模？
透過AVM，諸如此類的問題都可望逐一破解。

根據經濟部中小企業處統計，台灣有97％以上企業為中小企業，但中小企業的平均壽命只有13年，其中接班人更是頭號問題。

成立四十多年的勇昌貿易，是台灣中小企業的其中一種典型——靠著貿易代理銷售起家，有著穩定的營收與獲利表現，但往往在成長到一個階段後，開始陷入「撞牆期」。

勇昌董事長楊雅忠便曾經歷十年的「星艦迷航記」，一度相當迷惘，不解公司賺的錢究竟跑去哪裡，也不知公司應何去何從，直到

認識勇昌貿易

成立時間	1989年
負責人	楊雅忠／董事長
AVM導入負責人	楊雅忠
主要業務	代理進口與銷售歐洲的綠色保養品，通路涵蓋網路、電視廣播、電話行銷、社群軟體及廣播等購物頻道，以「提供綠色保養生活，共創健康永續世界」為使命，實踐「以人為本，堅持永續信念，探索更美好的未來」的價值觀 經營「1838歐系保養平台」
員工人數	約30人
營業額	不公開

他決定交棒給二代，到處尋找好的策略工具，才發現作業價值管理（AVM），就是那個可以讓兩代之間順利溝通、建立永續經營架構的關鍵利器。

從超市到量販店，站穩市場腳步

楊雅忠出生於新北石碇，15歲就幫著老爸管理二十幾位砍伐木材工人，後來因父親經營煤礦和木材生意失敗，家中經濟陷入困境，國中畢業便到瑞芳高工就讀建教合作班。

踏入職場後，楊雅忠一開始在貿易商工作，某次因緣際會承接到鞋廠的一批貨，他便跑去台北擺地攤賣知名品牌的運動鞋，每天可進帳一萬多元，比當時平均月薪六、七千元還要高出許多。

那次的機緣，讓楊雅忠嘗到代理銷售業務的甜頭，也讓他擺地攤的日子又持續了兩、三年。然而，他很快體認到，每天躲警察、被開

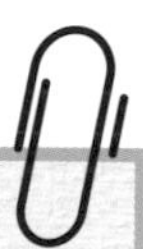

AVM就是建立SOP的解決方案。

——勇昌董事長楊雅忠

罰單的生意模式，不是長遠之計。

終於，楊雅忠決定，憑藉在貿易商工作和擺地攤賺到的錢，以500萬元資本額，在1980年自行創業，取「有勇氣、日日做」的精神，將公司命名為「勇昌」，業務模式則是從工廠進貨，銷售到超市、百貨等通路，當時的新光超市、遠東超市、高峰百貨、大千百貨等，都是他的客戶，從此在市場站穩腳步。

競爭激烈，小賣商面臨生存挑戰

1980年代，台灣很少進口美國商品，但當美國祭出「301條款」，要求台灣進口更多美國商品，貿易商的門檻因此降低，善於觀察市場趨勢的楊雅忠認為，此時進口美國商品將會是不錯的契機；再加上，他因為工作關係認識一些美國華僑，便透過人脈從美國引進商品，包括知名品牌的洗衣精、洗髮精在內。

> AVM就像定海神針，讓第二代經營者有所本，還能夠塑造他們的思維和判斷能力。
>
> ——**勇昌董事長楊雅忠**

關於楊雅忠

學歷　政大EMBA

經歷　1980年成立勇昌貿易，1987年解嚴以後，是第一批進口美國商品到台灣量販店的進口商
現為勇昌董事長，並擔任台北區百貨廠商聯誼會榮譽理事長

1987年，是勇昌的重要轉折點。當時跨國量販店品牌萬客隆，正準備進入台灣市場，三陽工業共同創辦人張國安是其中一位大股東，而手上掌握美國品牌熱門商品的楊雅忠，高中時曾在三陽工業實習，張國安還曾擔任他的導師。

這段當時誰也沒特別留心的機緣，在多年後發酵，促成楊雅忠順利與萬客隆簽訂供應商合約。

萬客隆在台首家門市桃園八德店創下驚人業績，帶動台灣量販超市如雨後春筍般出現，家樂福、大潤發陸續登場，勇昌的業績也跟著水漲船高，一路成長到1995年。隨著愈來愈多貿易商湧入，加上歐美品牌直接進入台灣市場，競爭格局丕變，楊雅忠不禁思索：「大賣商都進來了，小賣商要如何生存？」

他的解決之道，是大幅調整代理業務的重心，避開競爭激烈的美國大型快消品，轉向歐洲利基型的特色品牌，自1998年開始陸續代理德國、法國和義大利的天然有機商品。

與此同時，網路平台開始興起，勇昌也自2000年起，開始在奇摩（現為雅虎奇摩）經營網購事業，是奇摩前三十家開店的店家，後來也在網路家庭（PChome）等電商平台開店，一開始做平行輸入，後來跨足代理。

為了在網路上重新建立品牌定位，在廣告公司的協助下，勇昌打造了「1838」歐洲保養網站，希望吸引18歲至38歲、對進口高級商品有興趣的年輕族群；2012年，勇昌更跨足電視購物，完整覆蓋所有實體與虛擬通路。

然而，看似一路成長的企業發展歷程，楊雅忠卻陷入迷惘。

淨利率與毛利率落差高達70%

勇昌從小型貿易商一路成長，並未遇到明顯的經營或財務危機，但在2005年到2015年的十年間，楊雅忠一直相當納悶：為什麼公司的淨利率跟毛利率之間相差高達60%至70%？

那十年，全世界幾乎都曾捲入2008年的次貸風暴與金融海嘯危機，大環境景氣不佳，市場競爭日趨激烈，勇昌卻無法判斷手上的生意哪些賺錢、哪些賠錢，導致公司表面上看起來毛利很高，年終結帳時卻所剩無幾。

「根本不知道賺的錢跑去哪裡了！」楊雅忠忍不住感嘆。

「事後回顧，缺乏標準作業程序（SOP）是勇昌最大的問題之一，」楊雅忠直言，偏偏當時因為缺乏有效的系統工具可供運用，即使已有企業資源規劃（ERP）系統，也抓不出問題的癥結點。

身為公司的領航者，楊雅忠經常感到茫然：「就像是《星艦迷航記》的船長，不知要把公司帶去哪裡。」而在此同時，楊雅忠三個小孩中的二兒子與三女兒，都決定加入公司，讓他益發認真思索，該如何做才能順利交棒。

終於，他意識到：「以前，我們只是憑想像與衝勁在做，但『感覺』是沒辦法傳承的，必須要有一套SOP才能傳承，團隊才知道我們要走怎樣的路。」

突破盲點，搭起世代橋梁

楊雅忠經常帶團到歐洲參訪交流，發現許多歐洲老牌的家族企業，都可以傳承到第三代、第四代，不像台灣企業僅有三、四十年的歷史。他認為，差別在於「他們有很好的SOP，所以能夠世代相傳。」

找到問題癥結後，楊雅忠開始思考未來應該如何做，最後他發現：「AVM就是建立SOP的解決方案。」

他強調，企業藉由AVM制度，可以掌握實際數據，迅速找出問題的根本原因並做出改善，同時建立一套完善的標準作業程序。例如，銷售成本增加，可以立刻找到原因是運輸費用上升或罰單變多，就能快速應變以降低費用或改善流程。

換言之，團隊能夠更準確看到公司運作的真實情況，不再被自己的盲點所蒙蔽。

更重要的是，傳統的損益報表，只能看到客戶進貨、業績排行、費用投入等推測性的報表，而AVM透過內部工時計算費用情況，可分析每個客戶銷售的產品盈虧，將每款產品的內／外部費用、罰款、行銷等作業，都分得一清二楚。

不僅如此，在台北區百貨廠商聯誼會同業的引薦下，楊雅忠其實很早就了解到有平衡計分卡（BSC）與AVM這類工具，只是相隔好幾年、一直到子女都畢業後，2015年他才開始接觸平衡計分卡，並且很快認定，那是解答他多年疑惑的最佳方法。於是，隔年（2016），他便帶女兒楊淳惠一起去上政大會計系講座教授吳安妮的

勇昌導入AVM步驟

時間	工作重點
2016年10月	重新塑造品牌定位，確立使命、願景與價值觀
2018年3月	導入AVM系統，花半年完善工時表，找出經營管理上的盲點
2018年9月	針對有問題的客戶進行策略調整

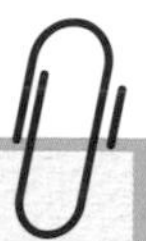

> **透過AVM，可盤點每個商品投注的人力、時間和成本，這是ERP無法涵蓋的。**
>
> **——勇昌董事長楊雅忠**

AVM課程，並且在2018年正式導入AVM系統。

「勇昌導入AVM，為的就是從過往的迷航中找到對的方向、建立穩固的公司基礎，做好交棒傳承的工作，」楊雅忠指出，過去，兩代之間不時會因經營觀念的差異而造成爭執或冷戰，但是，「有了AVM，我們有了共同的語言，可以用數字溝通，不再充滿情緒。」

所以，他強調：「我做AVM和平衡計分卡不是為自己，而是為了二代的成功，我希望成就的是下一代，希望他們真正理解、傳承並實踐公司的核心價值觀。」

從結果論到因果論

楊雅忠認為，台灣企業老闆的平均年齡高於全球，交棒給二代時會有溝通和衝突問題需要解決，「AVM就像定海神針，讓二代經營者有所本，還能夠塑造他們的思維和判斷能力，而當兩代之間有共同目標，知道願景與價值觀是什麼，就不會產生偏差，彼此都知道往這個

2005年至2015年，勇昌的淨利率跟毛利率相差高達60%至70%，卻始終不明所以。直到導入AVM，才終於找出原因。

方向走一定會抵達終點，只是走快、走慢的差別。」

更進一步來看，「勇昌做AVM是為了永續發展，而不只是為了改善公司狀況，」他指出，中小企業主習於憑感覺經營而面臨風險，過去說「愛拚才會贏」，但現在時代不同了，要有對的經營方向與方式才有機會成功，「導入AVM，讓我們不再依賴感覺，而是以理性數字為基礎做決策。」

楊雅忠舉例談到，過往勇昌雖有ERP系統，但僅流於記帳，無

> **AVM就像一面照妖鏡，幫我們看見管理的盲點。**
>
> **——勇昌董事長楊雅忠**

法抽絲剝繭、找出其中的關鍵資訊；反之，透過AVM，則可盤點每個商品投注的人力、時間和成本，這是ERP無法涵蓋的。

他進一步分析，過去的會計作業方式就像「吃大鍋飯」，所有費用都算在一起，但AVM要求員工填寫工時表，將每個作業的費用都分別列出，抓出為每個客戶花的錢，所有通路發生的費用也要各自認列，是一種「冤有頭、債有主」的概念。

「過去的ERP是結果論，現在的AVM是因果論，可以找出造成結果的因，找到問題所在並進行改進，」楊雅忠一語道出ERP與AVM的最大差異。

抓出藏在細節中的魔鬼

從結果論到因果論，對楊雅忠來說，除了傳承之外，另一項重要收穫，就是可以找出「細節裡的魔鬼」。

他舉例談到，勇昌曾有一家非常重要的電視購物客戶，每年貢獻營業額達一、兩億元，過去公司一直認為那是最賺錢的部門，沒想到做出總帳、透過AVM分析之後，赫然發現該部門虧損二千多萬元。

當時勇昌非常看重某大電視購物頻道，A型獅子座的楊雅忠拚命、敢衝，每天都加班到晚上十點，還親自上電視推廣商品，一個星期四天、每檔節目40分鐘，持續了六年，共做過一百多款產品，逐步累積代理商品的知名度，創造了驚人的營業額，毛利率也很不錯。

然而，比對帳目卻發現，投入與獲利並不對等。

為什麼會這樣？團隊百思不解，直到吳安妮與顧問群協助勇昌，投入兩、三年時間，建構出專屬的AVM系統，從中獲得的數據讓他們驚覺，與這家客戶合作了一百多款產品，只有15%賺錢。

這個看似毛利最高的客戶，淨利卻是最低。

「勇昌只看到表面上營業額很高，卻從未考慮到隱藏費用與成本，」楊雅忠說明，有些通路會要求廣告贊助及各種名目的費用，或者公司為了提高庫存水位而導致倉儲費用增加、退貨成本大增，乃至行銷廣告的罰款等，導致看似毛利很高的專案，扣掉費用後，淨利所剩無幾，甚至虧損。

他舉例指出，像是原本合約條件可以拿到50%的貨款，但電視購物頻道會加入多種名目的費用，最終只能拿到32%至34%的金額，但團隊卻因此需要投入大量時間採購、與國外談判，以爭取更好的商品與條件。不僅如此，電視購物頻道的退貨率比一般通路高出二至三倍，處理退貨和整理貨物的費用與時間也相對較多；再加上，電視購物要求供應商必須備有一定的商品數量，也會導致壞品和報廢數

> 企業導入AVM系統之後，業績一定會不增反減，但這是必經的過程，因為魔鬼就在細節中。
>
> ——**政大會計系講座教授吳安妮**

量增加，增加後續補償費用；其他像是勇昌為此在林口另外租下二千多坪的廠房等，都是在ERP中看不到的。

「原本我們以為公司業績會跟著電視購物一起成長，但AVM就像一面照妖鏡，幫我們看見管理的盲點，」楊雅忠發現這個最大黑洞後，立刻調整合作型態，每週僅全力衝刺一、兩檔產品，果然順利從虧損變成打平，且營收雖然下滑三至四成，但淨利並未縮減。

楊雅忠提到，吳安妮一再強調，企業導入AVM系統之後，業績一定會不增反減，但這是必經的過程，因為魔鬼就在細節中，「整個過程就是要抓出哪些企業、商品、通路讓我們賠錢，業績減少能夠換來淨利的增加，這才是對公司長遠發展更健康的方向。」

精準預測銷量與存貨

每家企業在推動AVM的過程中，都會遭遇不同的挑戰，勇昌也不例外。

在勇昌，員工平均資歷至少十年起跳，穩定性很高，但也正因如此，導入AVM系統時，同仁對於全然陌生的東西難免產生抗拒心理，特別是會計部門，需要適應全新的行為、作業、費用分配和產品追蹤，而且必須精細到分鐘，作業起來相當耗時、耗力，幾乎多出好

勇昌導入AVM效益

目標	成果
 盤點每項商品、通路、客戶相對應的人力、時間與成本，釐清公司營運項目的情況	發現毛利最高的客戶淨利竟是最低，重新調整合作關係，從虧損變成損益兩平
 找出因果關聯，打破憑感覺與想像做事的傳統模式，建立一套標準作業程序，讓公司的經營策略與經驗，得以有效傳承	精簡產品線，砍掉四分之三的商品，重新聚焦於高單價、高毛利的產品線
 堵住資金流失的漏洞，減少不必要的成本，篩選合適的商品與通路	庫存成本砍掉一半，連帶降低倉儲費用，且每年罰款金額從最高600萬元降到50萬元

幾倍的工作量。

舉例來說，公司邀請一位代言人代言三個產品，原本只需要記載「廣告費用」這項支出，但AVM要求在會計上做更細緻的分攤，會計人員就必須不斷修改與追溯資料，增加不少工作負擔……

然而，這是導入AVM的必經過程，此時就需要相關主管出面，鼓勵會計部門，讓他們了解這些作業對公司的重要性，並請更多同事來協助他們。

另一方面，工時表對於AVM也相當重要。

相較於過去同仁填寫的員工日誌，工時表記錄得更加精細，讓員工覺得很「赤裸」，因此有些反彈，一開始填寫的錯誤率也很高，為了導正又變成大家都超時工作。

為此，公司主管與財務部門就需要提供相關範本給員工參考，鼓勵大家相互檢視作業內容，並思考是否有任務遺漏或重複。

經過半年的檢討與調整，資料日益趨近真實，員工填寫起來更順手，AVM系統獲取的資料也更精準。

在這半年時間裡，勇昌不僅大幅改善員工的工時表，也趁機重新打理整個ERP系統。

早期只要出貨給萬客隆，一旦出貨就代表有實際收入，但現在多數電視與網路購物都是採用寄倉出貨模式，銷貨報表的數字不代表實際銷售的數字，於是公司將所有寄倉庫存改為借貨方式，並以實際銷貨數字記帳，避免錯估銷量。

再以罰款為例，過去勇昌每年罰款的金額最高達600萬元，但現在AVM系統將罰款對應到相關產品，公司針對要銷售的產品會進行廣告修正以確保合規，或者乾脆不再銷售有罰款風險的產品，有效將每年罰款金額降低到50萬元以下。

在AVM的助力下，勇昌也更能精準預測銷量與存貨，庫存從七千多萬元降到三千多萬元，整整少了一半，連帶也讓倉儲費用大幅減少，不用經常處理囤貨問題，庫存管理更有效率，可運用資金也隨之增加。

精緻化耕耘產品與通路

從2019年開始，勇昌擴大使用AVM的資料來進行選品進貨與客戶決策，也從中發現一些深具潛力的商品與通路。

例如，他們注意到有些產品淨利比平均淨利多出一倍以上，值得深耕經營，另外也發現一些長期穩定、有不錯利潤的商品，具有強大的回購力，且沒有額外費用產生，值得投入更多資源推廣。種種資訊，均可幫助團隊規劃未來業務方向和產品發展趨勢，做出更明智的經營決策。

敘利亞阿勒坡皂，就是其中一個例子。

當勇昌團隊在AVM系統上看到它的市場潛力後，決定透過廣播電台與其他網路通路大力推廣，銷量一口氣從幾百件提升到幾萬件，公司也從銷售單價十幾元的平價香皂，轉型為銷售天然有機的高品質香皂，平均單價高達200元至300元，最貴的一款甚至達到600元至

透過AVM，公司可發現員工是否從事太多重複性的工作，進而鼓勵員工嘗試新的項目與學習。

——勇昌董事長楊雅忠

700元。

「我們在AVM落地的過程中，持續精緻化產品和通路，淘汰績效不佳的商品和通路，朝金字塔頂端邁進，逐漸擺脫以往價格競爭的模式，」楊雅忠開心地說。

經過五年的產品線精簡作業，勇昌篩選掉成本高、毛利不佳、不合適的代理產品，一口氣砍掉四分之三的商品，從原本的兩、三千個項目精簡到約五百個，不僅降低管銷成本，也讓公司的財務體質更健康；除了淘汰產品外，公司也持續參加國外展覽，引進新的商品，大約保持四分之一的產品是新商品，藉以保持市場吸引力與討論熱度。

此外，AVM也幫助勇昌發現特定通路的問題。

除了量販店，過去勇昌也一直與連鎖美妝店討論合作，希望進一步擴展實體通路。然而，經過AVM分析，團隊發現美妝通路的潛在問題。

「這類通路會以所有門市的數量來增加談判籌碼，要求廠商提供更低的價格，但實際上架銷售的卻僅有少數店家，」楊雅忠指出，這樣的結果便導致很多商品在有效期限後仍堆積成山，且美妝通路的成本偏高、更追求坪效，適合高知名度的大品牌或是有廣告支持的產品進駐，未必適合勇昌代理的高單價、高質感產品。

走過這段路，楊雅忠直言：「透過AVM可以找到更合適且值得深耕的通路，例如，以文青消費者為主的通路，對歐洲保養品接受度較高、對價格也比較不敏感，就比一般電商或網購平台更適合我們。」

人資管理的參考依據

甚至，在勇昌，AVM對於人資管理也發揮了意想不到的效用。

楊雅忠談到，透過AVM，公司可發現員工是否從事太多重複性的工作，進而鼓勵員工嘗試新的項目與學習，像是業務開發、客戶接

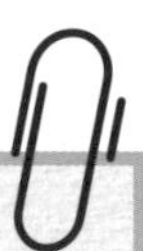

AVM不僅讓經營者更精準掌握公司的情況，做出更明智的決策、提高營運效率，還能鼓勵員工積極投入工作。

——勇昌董事長楊雅忠

觸等，公司會提供相關的培訓課程，鼓勵員工精進技能，同仁也可藉此了解自己的工作效率與時間分配，進而檢視工作成果是否有效益、對公司的貢獻程度，進而做出調整和改變。而這些，都會成為人資管理的參考依據。

另外，AVM也有助於公司進行跨部門合作。

例如，某個月份A部門業績較差，員工較無事可做，就可調動其員工到B部門或C部門支援，這些費用會被列在相應的部門上，因此可以更全面地評估員工貢獻度和公司的整體運作情況，而不是只看單一部門的業績。

整體來說，AVM不僅讓經營者更精準掌握公司的情況，做出更明智的決策、提高營運效率，還能鼓勵員工積極投入工作，在各個方面持續進步和發展。

走出星艦迷航，楊雅忠樂見勇昌透過AVM堵住資金流失的漏洞，減少不必要的成本，現在公司不再追求大規模經營，而是注重精緻化管理，選擇最適合的商品和通路，同時也能更有信心地啟動接班。

儘管直接銷售（direct to customer, D2C）的模式日漸盛行，但他相信，貿易商仍是品牌商與消費者之間的重要中間角色，絕對不會消失，未來也希望透過AVM科學化、數據化的工具，對產品開發與通路選擇擬定更精準的策略，帶給消費者與品牌商更多的價值。

採訪整理／沈勤譽・攝影／黃鼎翔

玉山銀行董事長黃男州強調，AVM只是先把科學的工作做完，但決策者不能只看成本與獲利，要站在更高層次進行策略選擇。

金融業

玉山銀行
如何真正賺到管理財？

營收與獲利出現落差，問題往往出在成本計價不夠精準。
透過AVM解構企業核心業務，串接商業規劃及分析系統，
將可優化管理決策，
成為產品創新、通路經營策略的重要依據。

微軟創辦人比爾・蓋茲曾預言：「金融始終是必要的，但現存的銀行型態將會消失。（Banking is necessary, but banks are not.）」

近十年來，銀行始終站在科技與社會變革的第一線，在金融科技（FinTech）與數位轉型的大浪下力求永續發展。其中，1992年成立的玉山銀行，便是數位轉型的資優生。

三十年間，玉山從一家沒有財團背景、以專業經理人為主的新銀行，成長為總資產3.4兆元，市值規模為台灣上市公司前二十大的企業，關鍵就在於跨界整合和開放創新的思維；而2021年與政大會計系講座教授吳安妮合作導入作業價值管理（AVM）制度，正是玉山創新藍圖中的重要環節。

認識玉山銀行

成立時間	1992年
負責人	黃男州／董事長
AVM導入負責人	林威宏／金控總部資深經理
主要業務	法人金融、消費金融、財富管理、信用卡與支付等業務
員工人數	8,595人（截至2023年3月20日）
營業額	521億元（2022年）

玉山銀行董事長黃男州和吳安妮早在2015年便結緣，曾四度獲得「玉山學術獎」的吳安妮令他印象深刻，在2018年邀請她到公司分享AVM制度，但是直到2021年才正式合作，也讓玉山成為AVM導入最大規模的企業之一。

合作的契機，始於黃男州對玉山下一個十年的規劃。

釐清每個活動的價值

2020年，黃男州升任玉山銀行董事長，恰逢新冠肺炎疫情重創全球經濟，擅長化危機為轉機的他，趁機整頓企業經營體質，邀請國際知名的顧問公司幫公司「體檢」，希望進一步提升公司的預算管理、資源配置效益。

「顧問公司給了一個大方向的策略，但在執行上需要更精細，AVM就是很好的工具，」黃男州解釋，AVM理論的優勢在於架構清楚、步驟明確，可幫助決策者掌握因果關係，真正賺到「管理財」。

除了抓出隱藏成本，黃男州更急切想弄清楚個別活動所帶來的效益，也就是每間分行或每個專案實際創造出多少價值。

比方說，過去公司只知道某專案對外廣告花了一千萬元，帶入二千萬元的營收，兩相比較看似賺了一千萬元，卻很難清楚算出專案動用到的所有人力、資源或通路成本，或是公司認為某個客戶價值很高，但真的是如此嗎？

玉山的管理決策需要更明確的證據支持。

「數據愈細膩，管理也會更細緻，」黃男州認為，這樣的需求，AVM可以滿足，因為它可以計算出人、專案、分行、客戶，甚至是通路的個別貢獻度。

不過，早在多年前便啟動數位轉型的玉山，深知變革必須循序漸進，持續累積階段性的小勝，才能增加團隊對轉型的意願與信心。

2021年，黃男州鎖定玉山客戶數最多的個人金融事業總處，以財富管理、消費金融、存匯業務等三個單位試行AVM，「目標很明確，就是抓出隱藏成本，」黃男州拋出一個簡單的數學題：所有分行的獲利加起來總共是300元，但是公司卻只賺到200元，消失的100元究竟花在哪裡？

找出總行低估的成本

為什麼100元會憑空消失？

答案很簡單——因為成本計價不夠精準。

正如品質管理大師戴明（W. Edwards Deming）曾言：「你無法管理你無法衡量的事物。」玉山商業規劃與分析（BP&A）小組負責人、金控總部資深經理林威宏指出，過去總行對分行採用「整包式」計價，分行每個月只會收到一個費用總額，卻不知道背後包含哪些細項及實際成本，自然難以控管。

經過BP&A小組及專案團隊半年多的訪談、調查、梳理流程，玉山總行對分行的價目表已細緻到六十多項，包含打電話核實客戶資

關於黃男州

學歷　美國哈佛大學管理發展計畫
美國紐約市立大學企業管理碩士
清大動力機械系學士

經歷　現任玉山銀行董事長、玉山金控董事長
近年帶領玉山連年入選DJSI「道瓊永續世界指數」、持續名列「公司治理評鑑」前5%，個人並榮膺《亞洲銀行家》「亞太最佳CEO」、《財資雜誌》「亞洲最佳CEO」、《機構投資人雜誌》「台灣最佳CEO」等國內外肯定
2008年時，以43歲年紀接任玉山金控總經理，成為當時台灣最年輕的金控總經理

料、貸款審核的層級，或是外幣匯款手續費等作業的標準成本，全都一目了然。

「這時才發現，總行低估了許多成本，」黃男州解釋，玉山過去的計算方式高度仰賴經驗來估算成本，但是透過AVM蒐集分析出的數據，讓總行、分行都更具備成本概念，而經過每月報表分析，不只可讓總行看出哪些分行使用的資源最多、哪些項目的費用又特別高昂，對分行而言，也更能有效地將資源運用在正確的顧客上。

譬如，有些分行為了展現對大客戶的優待，時常大方免除客戶的外幣匯款手續費，導致折讓過於普遍。對此，專案團隊給出一個驚人的數據：

玉山每年應收而未收的外幣匯款手續費和郵電費，加起來的金額高達一億元。

「很多服務看似金額不大，但累積起來就很可觀，」林威宏說，

玉山導入AVM步驟

時間	工作重點
2020年	共識凝聚：由專案小組舉行工作坊，讓個金及法金主管對AVM有基礎認知，並確定管理議題及導入目標
2021年	試行階段：先在總行個人金融事業總處的財富管理、存匯、消金部門試行
2022年	逐步導入：逐步將管理機制導入全台139家分行
2023年	全面導入：預計將AVM精神進一步導入法人金融事業總處

數據愈細膩，管理也會更細緻。

——玉山銀行董事長黃男州

經過重新精準計價之後，分行才知道，每一筆外幣匯款臨櫃交易，光是總行後台要負擔的服務成本就高達200元，再加上自身要負擔的項目，總成本居然超過500元。

精進流程，重新分配理專工作時間

有了實際的作業數據說話，分行主管變得更有成本意識，也能夠重新評估並調整實務做法。經過八個月的試行，玉山已經能計算出總行單位的具體成本，任何一張保單、貸款或業務，都有科學化及透明化的數據，因此，黃男州第二階段的目標，是將AVM制度進一步擴及分行端，整合產品及服務的完整生命週期，找出流程精進的空間。

以貸款業務為例，經過流程梳理，玉山發現，顧客從踏入分行那一刻起，中間必須經過二十個以上的流程，才能順利完成申請，因此，黃男州希望，透過AVM的計算，找出時間、成本究竟花在何處，進而精簡或重新設計流程，不只可以節省費用、提升效率，也能讓客戶滿意度更高。

保單業務，也是黃男州的關注重點。過去，玉山並不真正理解理專從拜訪客戶、解說產品到實際賣出一張保單，中間到底需要花費多少成本，更別提保單送到總行之後，還要再加上核實客戶身分、與保險公司進行確認的諸多作業。

「假設算出一張保單的成本要10,000元，便需要回頭檢視產品訂價是否合理，」黃男州發現，在現存的保單銷售流程中，有兩個節點效率最低，首先是理專外出拜訪顧客，經常出動二至三位成員，耗費

玉山導入AVM效益

目標	成果
成本控管	讓總行及分行更有成本意識，引導資源有效使用
服務流程優化	提升營運效率，優化顧客體驗
建立科學化數據語言	凝聚團隊共識，溝通更有效率
AVM數據整合內部系統	提升決策品質

透過AVM蒐集分析出的數據，讓總行、分行都更具備成本概念。

——玉山銀行董事長黃男州

大量時間與交通成本，但成效卻難以衡量，「若能讓這部分的成本降低，產品訂價就可以再降低，對客戶其實更有利。」

另一個最容易產生成本的地方，則在於完成投保申請的行政流程，不論是文件填寫錯漏，或是文件送到保險公司後才發現要補件，每多一次的照會來回、多打一通電話，都會持續疊加保單的成本，這時總行便會額外計價，希望藉此提升分行的作業品質，激勵同仁一次就把事情做對。

對黃男州而言，降低成本固然重要，但他更重視如何藉由流程簡化與自動化科技，讓理專能夠花更多時間在顧客開發與服務上。

「世界級顧問給我們的建議之一，就是理專的工作時間分配，」黃男州表示，根據統計，世界頂尖銀行的財富管理顧問，至少需要將70%的時間放在與客戶的交流互動上，相較之下，玉山理專花在客戶上的時間，只有不到60%。

進一步調查後發現，原來日常營運作業用掉理專許多時間。

對此，黃男州認為，隨著AVM已全面導入全台139家分行通路，未來也將依序推行至法人金融相關業務，而公司蒐集到的數據愈全面，管理層對企業未來的資源及人力布建、服務品質的提升，也才能有更清楚的藍圖。

決策是科學也是藝術

「經過兩年的推動，我們已經開始看到一些成果，」黃男州說。

第一個效益，在於讓玉山長出一種更加科學化的語言，使溝通更為高效。

「當總行的計價標準有跡可循，不是董事長、總經理隨便喊的，分行的接受度自然更高，」黃男州表示，除此之外，AVM嚴謹的數據分析及透明化的流程，也讓各產品線及通路負責人在內部討論時，更有底氣證明自己的價值。

第二個效益，則是讓管理者獲得更充足的數據，提升決策品質。

AVM只是先把科學的工作做完，後面還有管理的藝術。

——玉山銀行董事長黃男州

疫情期間，玉山配合政府「勞工紓困貸款」政策，沒想到經過AVM計算之後發現，若讓申請者湧入分行進行臨櫃人工辦理，內部作業成本會極為高昂，於是黃男州立刻決定，全面採用數位通路，即便有人已經到分行現場，都會由員工引導到公用電腦完成操作。

但黃男州也不忘提醒：「AVM只是先把科學的工作做完，後面還有管理的藝術。」他指的是，決策者不能只看成本與獲利，也需要站在更高層次進行策略選擇，「即便有些顧客算出來是賠錢的，但是玉山還是會做。」

舉例來說，在「普惠金融」的準則下，銀行每服務一位高齡顧客或身心障礙者，都要花費更多時間與成本，卻難以創造利潤，但黃男州認為，這是銀行必須擔負的社會責任，不能單純以獲利角度考量。

溝通價值，促進改變發生

根據吳安妮的觀察，玉山是眾多推行AVM的企業之中，對內部共識凝聚著墨最多的企業之一。

「即便我是董事長，也不能一聲令下就要同仁全面配合，而是要持續溝通說服，」黃男州認為，唯有讓同仁理解AVM制度的價值，轉變才會真正發生。

林威宏回憶，在導入AVM之前，他們已先舉辦過多場百人工作坊，讓同仁初步認識吳安妮的理論架構，並透過面對面的交流互動，建立信任基礎。除了首先試行的個金部門，黃男州更要求，法金部門也必須同步參與暖身，「讓他們看見別人的成果，預先學習。」

「黃董事長是個很有策略及智慧的管理者，」吳安妮對黃男州在導入過程中，展現的策略思維與團隊精神印象深刻，尤其是相較於一般公司最高領導人的強勢，黃男州的身段更為柔軟，願意花很多時間與同仁討論、確認AVM導入的目標及預期成效。

令吳安妮更為驚喜的，是玉山大膽創新的精神，以及對企業文化的重視，進一步刺激她回頭檢視已運行多年的AVM流程，積極找出創新的做法。

她舉例談到，在資源模組盤點階段，黃男州便提出，玉山員工的工作量已經非常龐大，若是採用傳統的工時回報方法，會對同仁造成太大壓力；經過多次討論，吳安妮與BP&A小組最終透過問卷、訪談關鍵主管等創新做法，決定只要蒐集到精準度約80%的資料即可。

「雖然沒有達到百分之百的精準，但若已足夠找出歸因，就是最符合成本與效益的做法，」吳安妮說。

整合策略更為關鍵

經過三十年的發展，如今玉山實際運行的各項資訊系統多達三百套，光是要讓AVM的概念整合融入數百套系統中，「或許兩年就過去了，」黃男州半開玩笑地說。

但是，黃男州並不著急，他將AVM推動視為基礎建設，藉由扎實的流程解構與資訊整合，讓管理者能夠理解每個作業流程的時間、

雖然沒有達到百分之百的精準，但若已足夠找出歸因，就是最符合成本與效益的做法。

——政大會計系講座教授吳安妮

品質、產能及成本，甚至是利潤狀況。

每當AVM被導入一個新部門及新系統，企業營運的真實樣貌也將逐漸抹去迷霧，愈來愈清晰。

就像玉山一開始在總行推動AVM，第一步只有總行的訂價成果，但是當AVM進一步擴及分行，公司就能更清楚每個產品的實際成本與效益，因為，「一個個的小整合，最終會累積成一個大勝利，」黃男州的下一個目標，是破除「大客戶就是好客戶」的迷思，真正掌握每個客戶及通路的整體價值鏈，進而重新配置資源，或調整營運策略。

「目前內部已經有顧客價值分析的系統，但不夠準確，」黃男州假設，某位客戶在玉山的存款加上購買理財產品的總金額達到三千萬元，看似符合優質客戶的標準，但未來若融入AVM追溯流程、拆解作業成本的精神，「或許所有隱形成本加上去，這個客戶反而是虧錢的。」

黃男州充滿信心地描繪未來藍圖：一旦AVM與公司商業規劃及

分析系統全面串接完成，玉山不只能計算出近八百萬個顧客的個別貢獻度，還能夠根據產品、通路等不同變因進行分析，做為未來產品創新、通路經營策略的重要依據。

朝向亞洲最具特色的標竿銀行邁進

「我對玉山銀行的期待很深，」吳安妮笑著說，她曾在課程中與玉山的員工聊到，他們認為玉山要走向國際，成為亞洲最具特色的標竿銀行，預計十年內可以達標。

為了這個「十年之約」，吳安妮近來投注大量心力，協助玉山逐步提升管理與績效；同時間，吳安妮也將與玉山攜手，將AVM制度與ESG進一步整合，創立公益平台。

「因為玉山在ESG方面的表現不錯，愈來愈多中小企業會來向我們尋求建議，」黃男州透露，台灣許多企業對於節能減碳、設備更

AVM讓玉山長出一種更加科學化的語言，
讓溝通更為高效。

——玉山銀行董事長黃男州

新、碳盤查流程，甚至是國際相關法規等資訊的需求殷切。

事實上，最近玉山便接到一位來自螺絲產業客戶的諮詢，原來是因為自2023年10月試行的歐盟「碳邊境調整機制」（Carbon Border Adjustment Mechanism, CBAM），外界原本預測初期適用範圍僅涵蓋高碳排的鋼鐵、水泥、鋁業、化肥和電子等產業，沒想到歐盟正式發布新聞稿當天，卻新增螺帽、螺栓產品。換言之，若台灣螺絲產業應變太慢，就可能被逐出全球供應鏈體系。

而這位螺絲產業的客戶，只是玉山眾多企業顧客的縮影。

黃男州與吳安妮討論，若能成立一個類似「ESG家醫科」的平台，不論你是哪一個產業，都能在這個平台上找到相對應的ESG策略模型，若需要更專業的深入服務，玉山便可協助轉介「專科醫生資源」，例如：碳盤查的合格廠商，解決許多中小企業難以觸及專業人士的困境。

「這個新的平台，可以讓玉山進一步連結不同客戶，創造更多價值，」吳安妮期待地說，若是這個平台能夠持續運行，玉山將會再創台灣銀行的轉型典範，在十年內成為亞洲最具特色的標竿銀行。

採訪整理／王維玲．攝影／黃鼎翔

財經企管 BCB825

用 AVM 做對管理

政大講座教授吳安妮教你破解營運迷思

國家圖書館出版品預行編目(CIP)資料

用AVM做對管理：政大講座教授吳安妮教你破解營運迷思 / 吳安妮著. -- 第一版. -- 臺北市：遠見天下文化出版股份有限公司, 2023.12
面；　公分. --（財經企管；BCB825）

ISBN 978-626-355-580-8(平裝)

1.CST: 吳安妮 2.CST: 管理會計 3.CST: 商業管理 4.CST: 企業經營

494.74　　112020824

作者 ── 吳安妮

採訪整理 ── 張彥文、沈勤譽、王維玲、朱乙真、林惠君
企劃出版部總編輯 ── 李桂芬
主編 ── 羅玳珊
責任編輯 ── 羅玳珊
美術設計 ── 陳亭羽
圖表繪製 ── 劉雅文
攝影 ── 鄭惠好、賴永祥、黃鼎翔、關立衡
圖片來源 ── 吳安妮、日正食品

出版者 ── 遠見天下文化出版股份有限公司
創辦人 ── 高希均、王力行
遠見・天下文化 事業群榮譽董事長 ── 高希均
遠見・天下文化 事業群董事長 ── 王力行
天下文化社長 ── 王力行
天下文化總經理 ── 鄧瑋羚
國際事務開發部兼版權中心總監 ── 潘欣
法律顧問 ── 理律法律事務所陳長文律師
著作權顧問 ── 魏啟翔律師
社址 ── 臺北市 104 松江路 93 巷 1 號
讀者服務專線 ── 02-2662-0012 | 傳　真 ── 02-2662-0007；02-2662-0009
電子郵件信箱 ── cwpc@cwgv.com.tw
直接郵撥帳號 ── 1326703-6 號　遠見天下文化出版股份有限公司

電腦排版 ── 立全電腦印前排版有限公司
製版廠 ── 中原造像股份有限公司
印刷廠 ── 中原造像股份有限公司
裝訂廠 ── 中原造像股份有限公司
登記證 ── 局版台業字第 2517 號
總經銷 ── 大和書報圖書股份有限公司　電話／(02)8990-2588
出版日期 ── 2023 年 12 月 25 日第一版第 1 次印行
　　　　　　2024 年 5 月 7 日第一版第 5 次印行

定價 ──520 元
ISBN ── 978-626-355-580-8 | EISBN ── 9786263555716（EPUB）；9786263555723（PDF）
書號 ── BCB825
天下文化官網 ── bookzone.cwgv.com.tw